煤炭行业特有工种职业技能鉴定培训教材

井 筒 掘 砌 工

（初级、中级、高级）

煤炭工业职业技能鉴定指导中心　组织编写

煤 炭 工 业 出 版 社

·北　京·

内 容 提 要

本书以井筒掘砌工国家职业标准为依据，分别介绍了初级、中级、高级井筒掘砌工职业技能考核鉴定的知识及技能方面的要求，内容包括井筒掘砌工的职业道德与基础知识、井筒掘进、井筒支护等。

本书是井筒掘砌工职业技能考核鉴定前的培训和自学教材，也可作为各级各类技术学校相关专业师生的参考用书。

本书编审人员

主　编　陆鹏举
副主编　王劲红
编　写　羊群山　刘　宁　王恒凯　张品峰　张　鹏

主　审　宁尚根
副主审　迟清奎　闫俊丽
审　稿　周安黎　王　伟　宁召林

前　言

为了进一步提高煤炭行业职工队伍素质，加快煤炭行业高技能人才队伍建设步伐，实现煤炭行业职业技能鉴定工作的标准化、规范化，促进其健康发展，根据国家的有关规定和要求，煤炭工业职业技能鉴定指导中心组织有关专家、工程技术人员和职业培训教学管理人员编写了这套《煤炭行业特有工种职业技能鉴定培训教材》，作为国家职业技能鉴定考试的推荐用书。

本套职业技能鉴定培训教材以相应工种的职业标准为依据，内容上力求体现“以职业活动为导向，以职业技能为核心”的指导思想，突出职业培训特色。在结构上，针对各工种职业活动领域，按照模块化的方式，分初级工、中级工、高级工、技师、高级技师5个等级进行编写。每个工种的培训教材分为两册出版，其中初级工、中级工、高级工为一册，技师、高级技师为一册。教材的章对应于相应工种职业标准的“职业功能”，节对应于职业标准的“工作内容”，节中阐述的内容对应于职业标准的“技能要求”和“相关知识”。

本套教材现已经出版35个工种的初、中、高级工培训教材（分别是：爆破工、采煤机司机、液压支架工、装岩机司机、输送机操作工、矿井维修钳工、矿井维修电工、煤矿机械安装工、煤矿输电线路工、矿井泵工、安全检查工、矿山救护工、矿井防尘工、浮选工、采制样工、煤质化验工、矿井轨道工、矿车修理工、电机车修配工、信号工、把钩工、巷道掘砌工、综采维修电工、主提升机操作工、主扇风机操作工、支护工、锚喷工、巷修工、矿井通风工、矿井测风工、采煤工、采掘电钳工、安全仪器监测工、综采维修钳工、瓦斯抽放工）和18个工种的技师、高级技师培训教材（分别是：采煤工、巷道掘砌工、液压支架工、矿井维修电工、综采维修电工、综采维修钳工、矿山救护工、爆破工、采煤机司机、装岩机司机、矿井维修钳工、安全检查工、主提升机操作工、支护工、巷修工、矿井通风工、矿井测风工、采掘电钳工）。此次出版的是10个工种的初、中、高级工培训教材（分别是：液压泵工、综采集中控制操纵工、矿压观测工、井筒掘砌工、矿山电子修理工、矿井测尘工、瓦斯防突工、重介质分选工、选煤技术检查工、选矿集中控制操作工）和6个工种的技师、高级技师培训教材（分别是：液压泵工、矿压观测工、瓦斯防突工、重介质分选工、选煤技术检查工、选矿集中控制操作工）。其他工种的初、中、高级工及技师、高级技师培训教材也将陆续推出。

技能鉴定培训教材的编写组织工作，是一项探索性工作，有相当的难度，加之时间仓促，缺乏经验，不足之处恳请各使用单位和个人提出宝贵意见和建议。

煤炭工业职业技能鉴定指导中心

2015 年 10 月

目　　次

第一部分　井筒掘砌工基础知识

第二部分　井筒掘砌工初级技能

第三部分　井筒掘砌工中级技能

第四部分 井筒掘砌工高级技能

第一部分

井筒掘砌工基础知识

第一章 职 业 道 德

第一节 职业道德基本知识

一、职业道德的含义

所谓职业道德，就是同人们的职业活动紧密联系的符合职业特点要求的道德准则、道德情操与道德品质的总和，它既是对本职人员在职业活动中行为的要求，同时又是本职业对社会所负的道德责任与义务。职业道德的主要内容包括爱岗敬业、诚实守信、办事公道、服务群众、奉献社会等。

职业道德的含义包括以下8个方面：

（1）职业道德是一种职业规范，受社会普遍的认可。

（2）职业道德是长期以来自然形成的。

（3）职业道德没有确定形式，通常体现为观念、习惯、信念等。

（4）职业道德依靠文化、内心信念和习惯，通过员工的自律实现。

（5）职业道德大多没有实质的约束力和强制力。

（6）职业道德的主要内容是对员工义务的要求。

（7）职业道德标准多元化，不同企业可能具有不同的价值观，其职业道德的体现也有所不同。

（8）职业道德承载着企业文化和凝聚力，影响深远。

每个从业人员，不论从事哪种职业，在职业活动中都要遵守职业道德。要理解职业道德需要掌握以下4点：

（1）在内容方面，职业道德总是要鲜明地表达职业义务、职业责任，以及职业行为上的道德准则。它不是一般地反映社会道德和阶级道德的要求，而是要反映职业、行业以至产业特殊利益的要求；它不是在一般意义上的社会实践基础上形成的，而是在特定的职业实践基础上形成的，因而它往往表现为某一职业特有的道德传统和道德习惯，表现为从事某一职业的人们所特有的道德心理和道德品质。

（2）在表现形式方面，职业道德往往比较具体、灵活、多样。它总是从本职业交流活动的实际出发，采用制度、守则、公约、承诺、誓言、条例，以及标语口号之类的形式。这些灵活的形式既易于从业人员接受和实行，也易于形成一种职业道德习惯。

（3）从调节的范围来看，职业道德一方面用来调节从业人员内部关系，加强职业、行业内部人员的凝聚力；另一方面也用来调节从业人员与其服务对象之间的关系，从而塑造本职业从业人员的形象。

（4）从产生的效果来看，职业道德既能使一定的社会道德原则和规范“职业化”，又能使个人道德品质“成熟化”。职业道德虽然是在特定的职业生活中形成的，但它绝不是离开社会道德而独立存在的道德类型。职业道德始终是在社会道德的制约和影响下存在和发展的；职业道德和社会道德之间的关系，就是一般与特殊、共性与个性之间的关系。任何一种形式的职业道德，都在不同程度上体现着社会道德的要求。同样，社会道德在很大程度上都是通过具体的职业道德形式表现出来的。同时，职业道德主要表现在实际从事一定职业的成年人的意识和行为中，是道德意识和道德行为成熟的阶段。职业道德与各种职业要求和职业生活结合，具有较强的稳定性和连续性，形成比较稳定的职业心理和职业习惯，以至于在很大程度上改变人们在学校生活阶段和少年生活阶段所形成的品行，影响道德主体的道德风貌。

二、职业道德的特点

职业道德具有以下几方面的特点：

（1）适用范围的有限性。每种职业都担负着一种特定的职业责任和职业义务，各种职业的职业责任和义务各不相同，因而形成了各自特定的职业道德规范。

（2）发展的历史继承性。由于职业具有不断发展和世代延续的特征，不仅其技术世代延续，其管理员工的方法、与服务对象打交道的方法等，也有一定的历史继承性。

（3）表达形式的多样性。由于各种职业道德的要求都较为具体、细致，因此其表达形式多种多样。

（4）兼有纪律规范性。纪律也是一种行为规范，但它是介于法律和道德之间的一种特殊规范。它既要求人们能自觉遵守，又带有一定的强制性。就前者而言，它具有道德色彩；就后者而言，又带有一定的法律色彩。也就是说，一方面，遵守纪律是一种美德；另一方面，遵守纪律又带有强制性，具有法令的要求。例如，工人必须执行操作规程和安全规定，军人要有严明的纪律等等。因此，职业道德有时又以制度、章程、条例的形式表达，让从业人员认识到职业道德又具有纪律的规范性。

三、职业道德的社会作用

职业道德是社会道德体系的重要组成部分，它一方面具有社会道德的一般作用，另一方面又具有自身的特殊作用，具体表现在：

（1）调节职业交往中从业人员内部以及从业人员与服务对象之间的关系。职业道德的基本职能是调节职能。一方面，它可以调节从业人员内部的关系，即运用职业道德规范约束职业内部人员的行为，促进职业内部人员的团结与合作。如职业道德规范要求各行各业的从业人员，都要团结、互助、爱岗、敬业，齐心协力地为发展本行业、本职业服务。另一方面，职业道德又可以调节从业人员和服务对象之间的关系。如职业道德规定了制造产品的工人要怎样对用户负责，营销人员怎样对顾客负责，医生怎样对病人负责，教师怎样对学生负责，等等。

（2）有助于维护和提高一个行业和一个企业的信誉。信誉是一个行业、一个企业的形象、信用和声誉，指企业及其产品与服务在社会公众中的信任程度。提高企业的信誉主要靠提高产品的质量和服务质量，因而从业人员职业道德水平的提升是提高产品质量和服务质量的有效保证。若从业人员职业道德水平不高，很难生产出优质的产品、提供优质的服务。

(3) 促进行业和企业的发展。行业、企业的发展有赖于高的经济效益，而高的经济效益源于高的员工素质。员工素质主要包含知识、能力、责任心三个方面，其中责任心是最重要的。而职业道德水平高的从业人员，其责任心是极强的，因此，优良的职业道德能促进行业和企业的发展。

(4) 有助于提高全社会的道德水平。职业道德是整个社会道德的重要组成部分。职业道德一方面涉及每个从业者如何对待职业，如何对待工作，同时也是一个从业人员的生活态度、价值观念的表现，是一个人的道德意识、道德行为发展的成熟阶段，具有较强的稳定性和连续性。另一方面，职业道德也是一个职业集体，甚至是一个行业全体人员的行为表现。如果每个行业、每个职业集体都具备优良的职业道德，将会对整个社会道德水平的提升发挥重要作用。

第二节 职 业 守 则

通常职业道德要求通过在职业活动中的职业守则来体现。广大煤矿职工的职业守则有以下几个方面。

1. 遵守法律法规和煤矿安全生产的有关规定

煤炭生产有它的特殊性，从业人员除了遵守《煤炭法》《安全生产法》《煤矿安全规程》《煤矿安全监察条例》以外，还要遵守煤炭行业制定的专门规章制度。只有遵法守纪，才能确保安全生产。作为一名合格的煤矿职工，应该遵守煤矿的各项规章制度，遵守煤矿劳动纪律，尤其是岗位责任制和操作规程、作业规程，处理好安全与生产的关系。

2. 爱岗敬业

热爱本职工作是一种职业情感。煤炭是我国当前的主要能源，在国民经济中占举足轻重的地位。作为一名煤矿职工，应该感到责任重大，感到光荣和自豪；应该树立热爱矿山、热爱本职工作的思想，认真工作，培养职业兴趣；干一行、爱一行、专一行，既爱岗又敬业，干好自己的本职工作，为我国的煤矿安全生产多做贡献。

3. 坚持安全生产

煤矿生产是人与自然的斗争，工作环境特殊，作业条件艰苦，情况复杂多变，不安全因素和事故隐患多，稍有疏忽或违章，就可能导致事故发生，轻则影响生产，重则造成矿毁人亡。安全是煤矿工作的重中之重。没有安全，生产就无从谈起。安全是广大煤矿职工的最大福利，只有确保了安全生产，职工的辛勤劳动才能切切实实、真真正正地对其自身生活产生较为积极的意义。作为一名煤矿职工，一定要按章作业，坚决抵制“三违”，做到安全生产。

4. 刻苦钻研职业技能

职业技能，也可称为职业能力，是人们进行职业活动、完成职业责任的能力和手段。它包括实际操作能力、业务处理能力、技术能力，以及相关的科学理论知识水平等。

经过几十年的发展，我国的煤炭生产也由原来的手工作业逐步向综合机械化作业转变，建成了许多世界一流的现代化矿井，特别是国有大中型矿井，大都淘汰了原来的生产模式，转变成为现代化矿井，高科技也应用于煤炭生产、安全监控之中。所有这些都要求煤矿职工在工作和学习中刻苦钻研职业技能，提高技术能力，掌握扎实的科学知识，只有这样才能胜任自己的工作。

5. 加强团结协作

一个企业、一个部门的发展离不开协作。团结协作、互助友爱是处理企业团体内部人与人之间，以及协作单位之间关系的道德规范。

6. 文明作业

爱护材料、设备、工具、仪表，保持工作环境整洁有序，文明作业；着装符合井下作业要求。

第二章 基 础 知 识

第一节 基础理论知识

一、读图识图知识

(一) 比例尺

1. 概念

绘制各种图纸时，不可能按其实际尺寸描绘在图纸上，总要经过缩小才能在图纸上表示出来。例如实际长度为 1000 m 的水平巷道，缩小至 1/1000 画在图上，则其相应线段长度为 1 m，这张图纸的比例尺就是 1∶1000。由此可知，图纸比例尺就是图纸上线段长度与实际相应线段水平长度之比。

2. 表示方法

比例尺按表示方法通常分为数字比例尺和图示比例尺。

1) 数字比例尺

用分数或比例数字的形式表示的比例尺称为数字比例尺。一般用分子为 1，分母为整数 M 的分数表示，即 $1/M$。

设图纸上线段长度为 l，实际相应水平线段长度为 L，比例尺分母为 M，则图纸比例尺各要素的关系为

$$1/M = l/L$$

按上式关系，只要定出了比例尺，就可按实际测得的线段水平长度，在图纸上绘出相应的长度，或按图上量得的某线段长度，求出其实际长度。同样，根据图纸上的线段长度及实际水平长度，就可求出图纸的比例尺。

2) 图示比例尺

用图示形式表示的比例尺称为图示比例尺。图示比例尺有直线比例尺和斜线比例尺，矿图中常用直线比例尺。

直线比例尺是按照数字比例尺绘制的，其绘制方法如下：

(1) 先在图纸上绘一条直线，用分划点把它分成若干个 2 cm 或 1 cm 的线段，这些线段称为比例尺的基本单位。

(2) 将最左端的基本单位再分成 20 个或 10 个等分（一般每个等分为 1 mm)，然后在该基本单位的右分点上注记 0，如图 2 - 1 所示。

(3) 自 0 点起，在自左向右的各分划点上，注记不同线段所代表的实际距离。

原图比例尺	直线比例尺 /m
1:10000	100　0　100　200　300　400 251
1:5000	50　0　50　100　150　200
1:2000	20　0　20　40　60　80
1:1000	10　0　10　20　30　40
1:500	5　0　5　10　15　20

图2-1　直线比例尺

使用直线比例尺时，先用分规在图上量出某两点的距离，然后将分规移至直线比例尺上，使其一脚尖对准0点右边的一个分划点，从另一脚尖读取左边的小分划数，并估读零数。例如图2-1中一线段长251 m，其中1 m即为估读数。

3. 精度

人们用肉眼能分辨出图上的最小长度一般是0.1 mm，小于0.1 mm的线段，实际上是不能绘制在图上的。因此，图上0.1 mm所代表的实际长度，称为比例尺的精度。矿图常用的比例尺有1∶500、1∶1000、1∶2000、1∶5000和1∶10000等。在不同比例尺的图面上，比例尺精度见表2-1。

表2-1　比例尺精度

比例尺	1∶500	1∶1000	1∶2000	1∶5000	1∶10000
比例尺精度/m	0.05	0.1	0.2	0.5	1.0

由表2-1可知，当测图比例尺确定后，就可推算出测定实际距离时应准确到什么程度；或者为使某种尺寸的物体能在图上表示出来，可按要求确定图纸比例尺。

（二）投影基本知识

各种工程图都是依据一定的投影原理和方法绘制的。因此，了解矿图应用的投影基本知识，对于绘制和识读矿图具有重要意义。

1. 投影现象

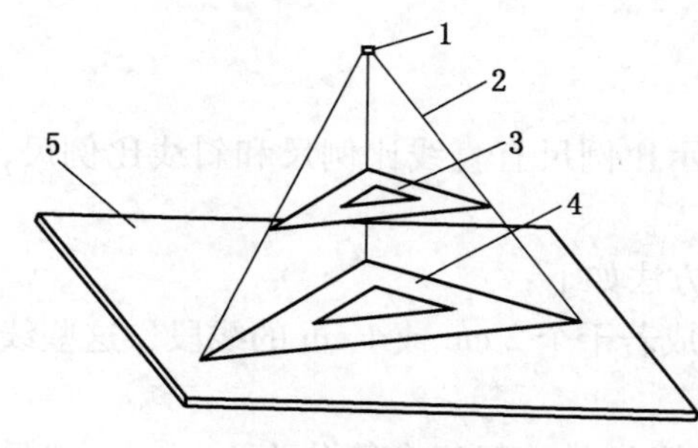

1—投影中心；2—投影线；3—投影物体；
4—投影；5—投影面
图2-2　投影现象

将一块三角板放在灯光下照射，下面就出现了三角板的阴影，此阴影称为三角板的投影，如图2-2所示。一般情况下，投影现象是由投影物体、投影线和投影面3个条件形成的。图2-2中三角板称为投影物体，地面称为投影面，灯光称为投影线。

2. 投影方法

根据投影线是否平行，投影方法分为中心投影法和平行投影法。

1）中心投影法

图2－2所示的投影方法称为中心投影法，用中心投影法绘制的投影称为中心投影。中心投影的特征：①投影线都是从投影中心发出的，彼此不平行；②投影线与投影面斜交，投影大小随投影中心距投影物体的远近或者投影物体离投影面的远近而变化；③投影形状随投影物体与投影面的倾斜关系而不同。

中心投影能形成一个与物体相同的直观图形，立体感强。在日常生活中，照相、放幻灯片、放映电影等，就是应用这种原理来实现的。但这种投影不能满足工程技术所需的度量要求，因而在工程图上应用较少。

2）平行投影法

如果将投影中心移到无穷远处，投影线可以看作彼此平行。用这种相互平行的投影线，在投影平面上形成物体投影的方法，称为平行投影法。用平行投影法绘制的物体投影称为平行投影。

绘制矿图时广泛采用标高投影的原理和方法。有时为了直观地表示采掘工程空间位置的立体关系，也应用轴测投影的方法。标高投影和轴测投影都属于平行投影。

（1）标高投影。采用水平面作为投影面，将空间物体上各特征点垂直投影于该水平面上，以确定各点的平面位置，然后将物体各点的高程（又称为标高）标注于各点投影的旁边，用于说明各点高于或低于零水平面的数值。这种投影称为标高投影。

（2）轴测投影。正投影的每一个视图，只能表达物体一个方面的尺度和形状，且缺乏立体感。如果用平行投影的方法，将物体连同它的坐标轴向一个投影面进行投影，利用3个坐标轴确定物体的3个尺度，就能在一个投影面中得到反映物体长、宽、高3个方面的形状和尺度的图形。这种投影方法，称为轴测投影。

二、爆破基本知识

（一）矿用炸药

我国矿用炸药以硝酸铵系列为主。矿用炸药分为安全炸药和非安全炸药。煤矿安全炸药也称为煤矿许用炸药。非安全炸药又分为露天炸药和在井下使用的岩石炸药两种。

1. 硝酸铵类炸药

硝酸铵类炸药是以硝酸铵为主要成分的混合炸药，由于掺入了其他成分，使得硝酸铵的缺点（感度低、强度低、传爆不良等）得到部分改善，从而更加突出了它廉价、安全的特点。

1）铵梯炸药

这是我国目前使用最为广泛的工业炸药，以硝酸铵为主要成分（含量约60%），梯恩梯的含量一般不到20%，此外还有一个必不可少的成分就是木粉，它在炸药中起疏松作用，使炸药不易结成硬块，并平衡多余的氧。产品分为煤矿许用硝酸铵炸药、岩石硝酸铵炸药、露天硝酸铵炸药三大类。前两类可用于井下，其特点是氧平衡接近于零，有毒气体产生量受严格限制。各类炸药都分为一、二、三、四号，号数越小，威力越大。煤矿炸药的号数越大，在矿井使用的安全性越好。

2）铵油炸药

这类炸药因不含梯恩梯，故原料来源丰富，加工简单，使用安全，它的价格特别低廉。因此在露天矿、金属矿、水利铁道等工程中得到普遍重视，使用范围逐年增大。简单的铵油炸药是硝酸铵与柴油的混合物。硝酸铵约占95%，在现场混合以多孔粒状者为好；柴油约占5%，一般选用10号轻柴油。煤矿许用的铵油炸药还必须加入适量的食盐以降低爆温。

3）高威力硝酸铵类炸药

上述炸药的威力都属于中等或中等偏低，在煤矿井下通常能够满足使用要求。但是随着采矿工业的发展，进行硬岩深孔爆破、大断面一次成巷、坚硬岩石顶板的强制放顶等作业时，需要有威力更高的炸药。提高硝酸铵类炸药威力的途径有以下几种：

（1）增大密度。增大密度可以提高爆轰压力，并在单位体积内容纳更多的药量，但硝酸铵类炸药密度增高以后起爆感度降低，起爆能量不足时爆速与猛度反而下降，故增大密度的效果有限。

（2）加入铝粉。在炸药中掺入研磨极细的铝粉或铝镁合金粉。

（3）加入猛炸药。将5%～20%的黑索金混入含梯恩梯的硝酸铵类炸药，对提高炸药威力效果非常明显，一般可使爆速达到4000 m/s，猛度达到16～19 mm，爆力达到450～500 mL。国产硝酸铵类高威力炸药大都属于增加猛炸药这一类。

2. 水胶炸药

水胶炸药是指以硝酸盐为氧化剂，以硝酸钾为敏化剂，加入可燃剂、胶凝剂和关联剂等制成的凝胶状含水炸药，是一种密度和爆炸性能均可、抗水性好、密度可调节的高威力防水炸药，其感度较高，可直接用雷管起爆。产品包括岩石水胶炸药、煤矿许用水胶炸药和露天水胶炸药。

3. 硝化甘油类炸药

这种炸药的主要成分是敏化剂（硝化甘油）、氧化剂（硝酸铵或硝酸钾）、吸收剂（胺质棉）、硫松、可燃剂（木粉）等，其呈黄色可塑性胶体，故又叫作胶质炸药。硝化甘油类炸药具有爆力大、敏感性强、装药密度大、抗水性能好等特点，适用于浅孔爆破和水下爆破。

（二）起爆材料

1. 雷管

雷管是一种可用其提供的爆炸能来直接起爆炸药或导爆索的管状起爆材料。其管壳过去多为铜质，现在绝大部分已改为纸质。管内装有引火装置、延期引爆元件、正起爆药和副起爆药等。

各种雷管的区别仅在于引火装置和延期引爆元件的不同。直接用导火索火焰引爆正起爆药而无延期引爆元件的雷管叫作火雷管。采用电引火装置的雷管叫作电雷管。无延期引爆元件的电雷管，通电瞬间爆炸，叫作瞬发电雷管；有延期引爆元件的电雷管，按其通电后延期爆炸的时间，分为秒延期电雷管和毫秒延期电雷管。

国产矿用电雷管种类较全，按适用条件分为岩石电雷管、煤矿安全电雷管和抗杂散电流电雷管；按延期时间分为瞬发电雷管、秒和半秒延期电雷管、毫秒延期电雷管。

2. 导爆索

导爆索是以临界直径很小的猛炸药为药芯，表面缠绕数层纱线、纸条，并涂覆防潮层而制成的绳索状起爆材料，安全品种加裹一层食盐，防水品种外面加包严密的塑料包皮。导爆索是一种传递爆轰波的爆破器材，用以传爆或引爆炸药，是工程爆破中广泛使用的一种爆破器材。导爆索过去多在露天深孔作业和硐室大爆破中使用。现在由于井下深孔爆破、光面爆破的需要，使用也日益增多。瓦斯矿井只能使用安全导爆索，索端不能伸出孔外，起爆它的雷管也需放在炮孔内部。

3. 发爆器

发爆器是用于起爆电雷管的起爆电源。按使用条件，发爆器有防爆型和非防爆型两类；按结构原理，发爆器有发电机式和电容式两类。现代发爆器多为电容式发爆器。

三、地质基本知识

（一）煤田地质知识

1. 煤田

在同一地史发展过程中，由炭质物的沉积并连续发育而造成的大面积含煤地带，称为煤田。煤田的范围、储量大小不一，小型煤田的面积不大，储量只有几百到几千万吨；大型煤田的面积有数千或数万平方千米，储量可达几亿到几百亿吨。

2. 煤层埋藏特征

煤层像其他沉积岩层一样，一般呈层状分布，但也有呈鸡窝状、扁豆状或其他似层状分布。不同的煤层其结构、厚度及稳定性等有所不同。

1）煤层结构

根据煤层中有无稳定的岩石夹层（夹矸），将煤层分为两种结构类型。

（1）简单结构煤层。煤层中不含稳定的呈层状的岩石夹层，但含有呈透镜体或结核分布的矿物质，如图 2－3a 所示。一般厚度较小的煤层往往结构简单，说明煤层形成时沼泽中植物遗体堆积是连续的。

（2）复杂结构煤层。煤层中常夹有稳定的呈层状的岩石夹层，少者 1～2 层，多者十几层，如图 2－3b 所示。岩石夹层的岩性最常见的有炭质泥岩、炭质粉砂岩。岩石夹层的厚度一般为几厘米至数十厘米。

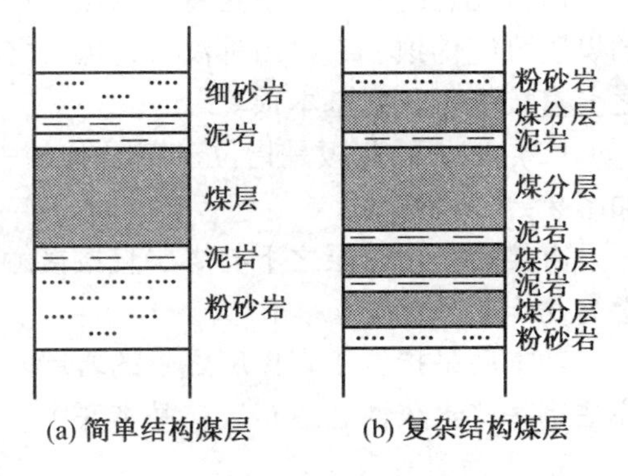

图 2－3 煤层结构示意图

煤层中如有较多的或较厚的岩石夹层，往往不利于机组采煤，同时也影响煤质，增加煤的含矸率。但有的岩石夹层是优质的陶瓷原料或耐火材料等，其经济价值甚至高于煤层本身。

2）煤层厚度

煤层顶板与底板之间的垂直距离叫作煤层厚度。对于复杂结构的煤层，则有总厚度和有益厚度之分。总厚度是指煤层顶面至底面之间全部煤分层厚度与岩石夹层厚度之和；有益厚度是指煤层顶面至底面之间各煤分层厚度之和。

3）煤层层数及层间距

各煤田中的煤层数目不同，少的只有一层或几层；多的可达十几层到几十层。相邻两煤层之间的距离通常称为煤层的层间距，其大小为几十厘米至数百米。

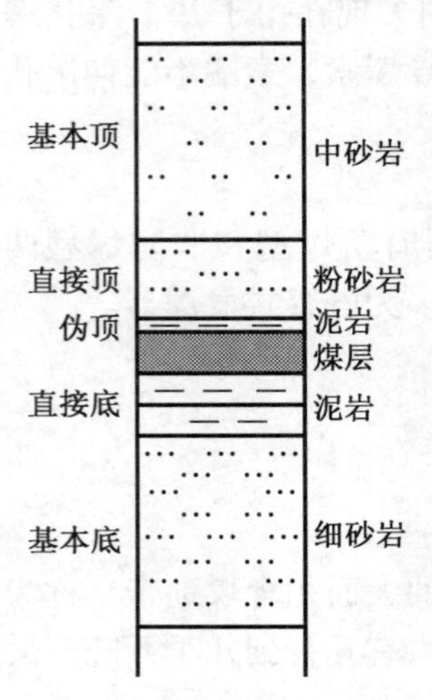

图 2-4　煤层顶底板组成

4）煤层埋藏深度

煤层埋藏深度大小不一，最大埋藏深度可达 2 km，目前我国煤矿的开采深度已达千米以上。随着开采深度的增加，矿山压力、井下温度、涌水量与瓦斯涌出量等，都将增大。

5）煤层顶底板

（1）顶板。顶板是指位于煤层上方一定距离的岩层。根据顶板岩层岩性、厚度以及采煤时顶板变形特征和垮落难易程度，将顶板分为伪顶、直接顶、基本顶 3 种，如图 2-4 所示。

伪顶是指直接覆盖在煤层之上的薄层岩层。岩性多为炭质页岩或炭质泥岩，厚度不大，一般为几厘米至几十厘米。它极易垮塌，常随采随落，所以它都混杂在原煤里，增加了煤的含矸率。

直接顶位于伪顶之上，岩性多为粉砂岩或泥岩，厚度为 1~2 m。它不像伪顶那样容易垮塌，但回采后一般能自行垮落，有的经人工放顶后也较易垮落。直接顶垮落后都充填在采空区内。

基本顶位于直接顶之上，岩性多为砂岩或石灰岩，一般厚度较大，强度也大。一般情况下，采煤后长时期内基本顶不易自行垮塌，只发生缓慢下沉。

值得注意的是，并不是每个煤层都可分出上述 3 种顶板。有的煤层可能没有伪顶，有的煤层可能伪顶、直接顶都没有，煤层之上直接覆盖基本顶，如山东肥城矿区的 8 号煤层之上直接为石灰岩基本顶。

（2）底板。底板是指位于煤层下方一定距离的岩层。底板分为直接底和基本底两种，如图 2-4 所示。

直接底是指煤层之下与煤层直接接触的岩层。岩性以炭质泥岩最为常见，厚度不大，常为几十厘米。

基本底是指位于直接底之下的岩层。其岩性多为粉砂岩或砂岩，厚度较大。有的煤矿往往将一些永久性巷道布置在基本底中，这样有利于巷道维护。

3. 煤的组成及性质

1）煤的物理性质

煤的物理性质是煤的一定化学组成和分子结构的外部表现。它是由成煤的原始物质及其聚积条件、转化过程、煤化程度和风化、氧化程度等因素所决定的，包括颜色、光泽、粉色、密度和容重、硬度、脆度、断口及导电性等。其中，除了密度、容重和导电性需要在实验室测定外，其他根据肉眼观察就可以确定。煤的物理性质可以作为初步评价煤质的依据，并可用以研究煤的成因、变质机理和解决煤层对比等地质问题。

（1）颜色。颜色是指新鲜煤表面的自然色彩，是煤对不同波长的光波吸收的结果。一般随煤化程度的提高而逐渐加深。

（2）光泽。光泽是指煤的表面在普通光下的反光能力。一般呈沥青、玻璃和金刚光泽。煤化程度越高，光泽越强；矿物质含量越多，光泽越弱；风化、氧化程度越深，光泽越弱，直到完全消失。

（3）粉色。粉色是指将煤研成粉末的颜色或煤在抹上釉的瓷板上刻画时留下的痕迹，所以又称为条痕色。一般情况下，煤化程度越高，粉色越深。

（4）密度和容重。煤的密度是指不包括孔隙在内的一定体积的煤的质量与同温度、同体积的水的质量之比。煤的容重又称为煤的体重或假比重，它是指包括孔隙在内的一定体积的煤的质量与同温度、同体积的水的质量之比。煤的容重是计算煤层储量的重要指标。褐煤的容重一般为1.05～1.2，烟煤的容重为1.2～1.4。无烟煤的容重变化范围较大，为1.35～1.8。煤岩组成、煤化程度、煤中矿物质的成分和含量是影响密度和容重的主要因素。在矿物质含量相同的情况下，煤的密度随煤化程度的加深而增大。

（5）硬度。硬度是指煤抵抗外来机械作用的能力。根据外来机械力作用方式的不同，可将煤的硬度分为刻画硬度、压痕硬度和抗磨硬度3类。煤的硬度与煤化程度有关，褐煤和焦煤的硬度最小，为2～2.5；无烟煤硬度最大，接近4。

（6）脆度。脆度是指煤受外力作用而破碎的程度。成煤的原始物质、煤岩成分、煤化程度等都对煤的脆度有影响。在不同变质程度的煤中，长焰煤和气煤的脆度较小，肥煤、焦煤和瘦煤的脆度最大，无烟煤的脆度最小。

（7）断口。断口是指煤受外力打击后形成的断面的形状。煤中常见的断口有贝壳状断口、参差状断口等。煤的原始物质组成和煤化程度不同，断口形状各异。

（8）导电性。导电性是指煤传导电流的能力，通常用电阻率来表示。褐煤电阻率低，褐煤向烟煤过渡时，电阻率剧增。烟煤是不良导体，随着煤化程度的增高，电阻率减小，至无烟煤时急剧下降，而具有良好的导电性。

2）煤的化学组成

煤的化学组成相当复杂，大致可分为有机质和无机质两大类。其中，有机质为主体，也是加工、利用的对象；无机质包括矿物杂质和水分，绝大多数是煤中有害成分，对煤的加工和利用产生不良影响。研究煤的化学组成时，一般通过元素分析和工业分析了解煤中有机质和无机质的含量与性质，以评价煤质优劣，初步确定煤的种类和用途。

（1）煤的元素组成。煤是由有机质和无机质组成的混合物。有机质是煤的主要组成部分，主要由碳、氢、氧组成（占有机质的95%以上），还有氮、硫以及极少量的磷和其他元素。

（2）煤的工业分析指标。通过工业分析测定煤的水分、灰分、挥发分和固定碳等煤质指标，是对煤进行工业评价的基本依据，它们大体反映了煤的有机质和无机质的构成和性质，因此可以用来确定煤的质量优劣和工业价值，初步判断煤的种类和工业用途。

3）煤的工艺性质

不同的煤在加工利用过程中，表现出不同的工艺性质。不同工业用煤对工艺性质的要求也不尽相同，如炼焦用煤要具有良好的黏结性，动力用煤需要有较高的发热量等。

（1）煤的黏结性。黏结性是煤的重要工业性质。煤的黏结性是指粉碎的煤粒，在隔绝空气条件下加热到约850 ℃时，由于煤中的有机质分解、熔融而使煤粒相互黏结成块的性质。

（2）煤的发热量。煤的发热量是指单位质量的煤完全燃烧后所放出的全部热量，用J/g（焦耳/克）、kJ/kg（千焦耳/千克）表示。

发热量大小与多种因素有关，如煤中水分和矿物质的含量等，但主要取决于煤中碳、氢可燃元素的含量。由褐煤到焦煤，随变质程度的加深，发热量逐渐增大，至焦煤阶段最大；此后随变质程度的增高，发热量又有所降低。这是由于自褐煤到焦煤阶段，相对碳增加较快、氢减少较慢，而从焦煤至无烟煤阶段，相对碳增加较缓而氢减少较快，且氢的发热量又比碳高所造成的。

4. 瓦斯、煤尘及煤的自燃倾向性

瓦斯、煤尘及煤的自燃倾向性是影响矿井安全生产的3个重要因素。

1）矿井瓦斯

矿井瓦斯是指在煤矿生产过程中，由煤层及其围岩释放出来的有害气体的总称。瓦斯是多种成分的混合气体，包括甲烷（CH_4）、氮（N_2）、二氧化碳（CO_2）、硫化氢（H_2S）、一氧化碳（CO）和重烃 C_2H_6、C_3H_8、C_4H_{10} 等。

2）煤尘

煤尘是矿井生产过程中所产生的煤的微粒。随着采煤机械化程度的提高，悬浮于井下巷道及工作面的煤尘，在高温（一般为700～800 ℃）热源（爆破火焰、电火花等）的条件下，能够燃烧和爆炸，其后果较瓦斯爆炸更为严重。煤尘的爆炸性与煤的挥发分有密切关系。一般煤的挥发分产率越高，煤尘爆炸的危险性越大，见表2－2。

表2－2　煤尘爆炸性与挥发分的关系　　%

煤尘爆炸性	V_{daf}
不爆炸	10
爆炸性弱	10～15
爆炸性开始迅速增加	＞15

3）煤的自燃倾向性

暴露在空气中的煤，由于氧化放热导致温度逐渐升高，至70～80 ℃以后温度升高速度骤然加快，当达到煤的着火点（300～350 ℃）时，引起燃烧。煤的这种性质称为煤的自燃倾向性。

（二）地质构造

煤层和其他岩层、岩体形成以后，由于受到地球内部和外部动力作用的影响，会发生一系列微观和宏观变化，产生诸如移位、倾斜、弯曲、断裂等地质现象。这些主要由地壳运动所引起的岩石变形、变位现象在地壳中存在的形式和状态就称为地质构造，简称为构造。

地质构造的表现形式多种多样，概括起来分为单斜构造、褶皱构造和断裂构造3种基本类型，如图2－5所示。由于地壳运动的影响，地壳表层中的岩层绝大部分是倾斜的，极少数是水平的或接近水平的。在一定范围内，煤层或岩层大致向一个方向倾斜，这样的构造形态称为单斜构造。单斜构造往往是其他构造形态的一部分，如褶曲的一翼或断层的一盘，如图2-6所示。因此，可以说自然界中地质构造的基本表现形式有褶皱构造和断裂构造两种。

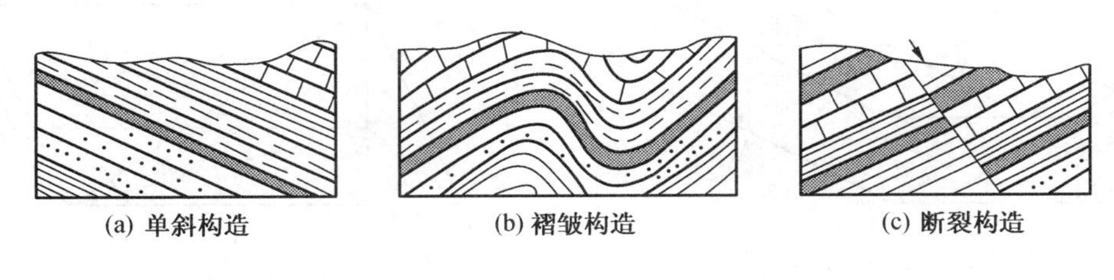

图2-5 构造形态的基本类型

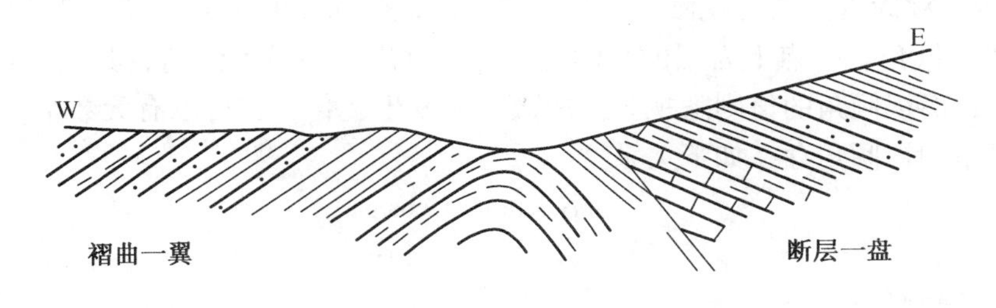

图2-6 单斜构造与褶曲、断层的关系示意图

1. 岩层的产状

岩层的产状是指岩层的空间位置及特征。为确定倾斜岩层的产状，常用3个产状要素即走向、倾向、倾角来表示，如图2-7所示。

（1）走向。岩层走向表示岩层在空间的水平延展方向。岩层面与任一个水平面的交线称为走向线（图2-7中AOB）。可见，走向线是岩层面上任一标高的水平线，亦即同一岩层面上同标高点的连线。因此，一个基本平直倾斜的岩层面上可以有无数条近乎平行的走向线。

（2）倾向。岩层倾向表示岩层向地下倾斜延伸的方向。在岩层面上过某一点（图2-7中O点，图2-8中A点）沿岩层倾斜面向下（或向上）所引的直线（图2-7中ON，图2-8中AC和AD）称为倾斜线，倾斜线在水平面上的投影线（图2-7中ON'，图2-8中OC和OD）称为倾向线。倾向线所指的岩层向地下侧倾的一方称为该点岩层的倾向。水平岩层无走向和倾向；倾斜岩层和直立岩层的倾向指向较新岩层一方；倒转岩层的倾向则指向较老岩层一方。

当倾斜线与岩层走向线垂直时，称该倾斜线（图2-7中ON，图2-8中AD）为真倾斜线，相应的倾向线（图2-7中ON'，图2-8中OD）称为真倾向线，相应的倾向也称为真倾向（以下简称为倾向）。当倾斜线与岩层的走向线斜交时，称倾斜线（图2-8中AC）为视（假）倾斜线，相应的倾向线（图2-8中OC）称为视（假）倾向线，相应的倾向称为视（假）倾向。可见，一点上岩层的真倾向是唯一的，而视（假）倾向则可以有无数个。

（3）倾角。岩层的倾角表示岩层的倾斜程度。它是指岩层层面与假想水平面的锐夹角，即倾斜线与其相应的倾向线的锐夹角。真倾斜线与真倾向线的锐夹角（图2-7中α，

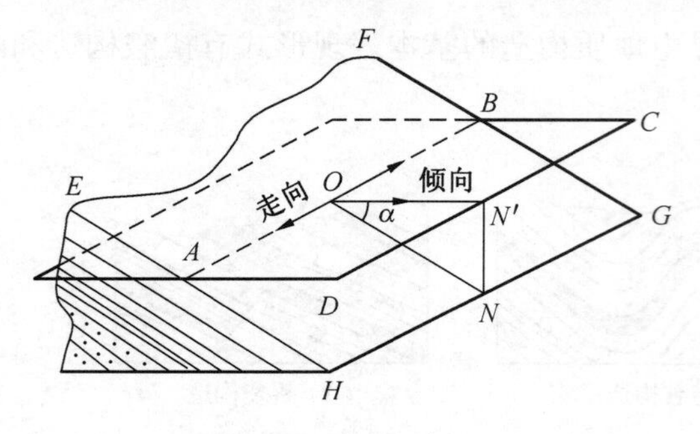

图2－7　岩层产状

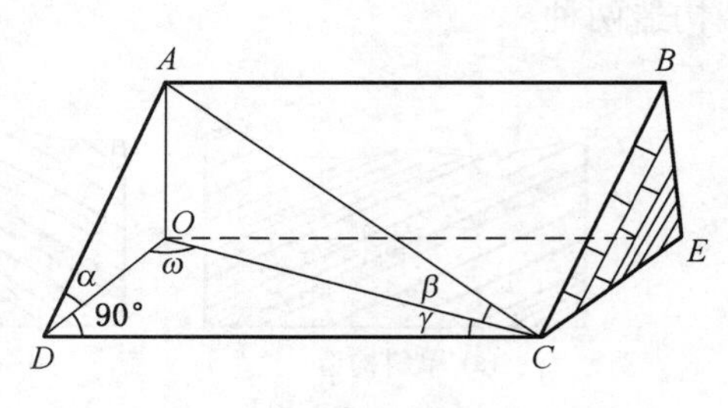

图2－8　岩层产状分析图

图2－8中α）称为真倾角。视倾斜线与其相应的视倾向线的锐夹角（图2－8中β）称为视（假或伪）倾角。一点上岩层的真倾角是指该点岩层的最大倾角，其大小值是一定的，也是唯一的；而视倾角的值则随视倾向的改变而发生变化，它可以有无数个，都恒小于真倾角。真倾角和视倾角存在如下关系：

$$\tan\beta = \tan\alpha \cdot \cos\omega$$

$$\tan\beta = \tan\alpha \cdot \sin\gamma$$

式中　β——视倾角；

α——真倾角；

ω——视倾向与真倾向之间的夹角；

γ——视倾向与岩层走向的夹角。

一般情况下，倾角越小，开采越容易；倾角越大，开采越困难。对于地下开采，煤层根据倾角大小分为缓倾斜煤层（$\alpha = 8° \sim 25°$）、倾斜煤层（$\alpha = 25° \sim 45°$）、急倾斜煤层（$\alpha > 45°$）第3类。通常又把$\alpha < 5° \sim 8°$以下的煤层称作近水平煤层。

由于受地质构造的影响，在任何一个煤田内，同一煤层在不同地点，煤层的走向、倾向和倾角都不是固定不变的，只不过变化的大小程度不同。

2. 褶皱构造

由于地壳运动等地质作用的影响，使岩层发生塑性变形而形成一系列波状弯曲但仍保持着岩层的连续完整性的构造形态，称为褶皱构造（以下简称为褶皱），如图2－9所示。

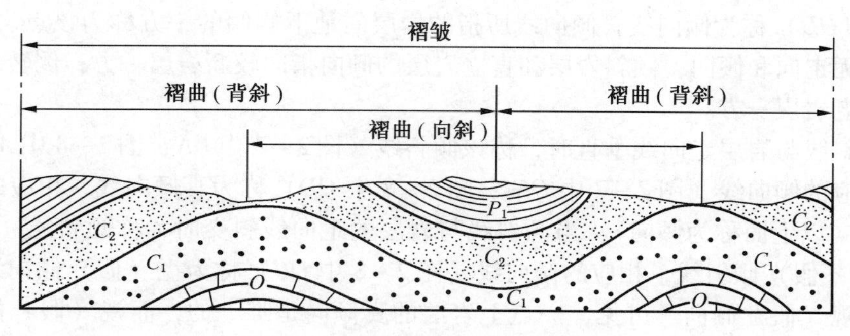

图2－9　褶皱与褶区剖面示意图

岩层褶皱构造中的每一个弯曲为一基本单位，称为褶曲。褶曲的基本形式可分为背斜和向斜两种。背斜是指核心部位岩层较老，向两侧依次对称出现较新岩层的形态一般向上弯曲的褶曲；向斜是指核心部位岩层较新，向两侧依次对称出现较老岩层的形态一般向下弯曲的褶曲。在自然界中，背斜和向斜在位置上往往是彼此相连的。

3. 断裂构造

组成地壳的岩层或岩体受力后不仅会发生塑性变形形成褶皱构造，而且也可以在所受应力达到或超过岩石的强度极限时发生脆性破坏形成大小不一的破裂和错动，使岩石的连续完整性遭到破坏，这种岩石脆性变形的产物总称为断裂构造。断裂构造可分为节理和断层两类。

节理是断裂面两侧岩石没有发生明显位移的断裂。它可以是明显可见的张开或闭合的裂缝、裂隙，也可以是肉眼不易觉察的隐蔽的裂纹，当岩石风化或受打击后，岩石才会沿这些裂纹裂开。节理的延伸长度有大有小，短者几厘米，长者几十米甚至更长。节理发育的密集程度也差异很大，相邻两节理的距离可从数厘米到数米。节理的断裂面称为节理面。节理在煤矿的实际生产中，对钻眼爆破、采出率、顶板控制、地下水等方面都有直接影响。

断层是破裂面两侧的岩石有明显相对位移的一种断裂构造。其规模变化很大，小的断层延伸仅有几米，相对位移不过几厘米；大的断层可延伸数百公里至数千公里，相对位移可达几十公里；有的大断层甚至跨越洲际，切穿地壳硅铝层。断层的分布虽不及节理广泛，但它仍是地壳中极为常见的，也是最重要的地质构造。它往往构成区域地质格架，控制区域地质结构及其演化，控制或影响区域成矿作用，影响矿产资源的开发和矿井生产。其断层要素如图 2 – 10 所示。

（1）断层面。岩层发生断裂位移时，相对滑动的断裂面。

（2）断盘。断层面两侧的岩体称为断盘，当断层面为倾斜时，通常将断层面以上的断盘称为上盘，将断层面以下的断盘称为下盘。如果断层面直立时，就无上下盘之分，可按两盘相对上升或下降的位置分上升盘或下降盘。

（3）断距。断层的两盘相对位移的距离。断距可分为垂直断距（两盘相对位移垂直距离）和水平断距（两盘相对位移水平距离），如图 2 – 11 所示。

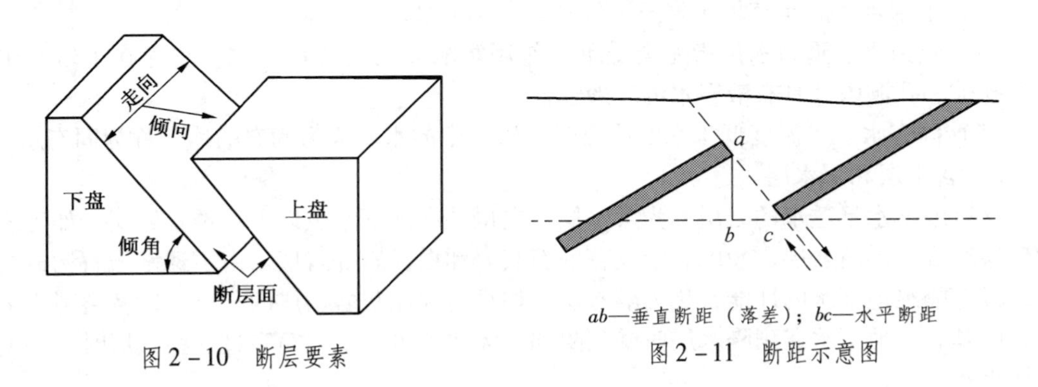

图 2 – 10 断层要素

ab—垂直断距（落差）；*bc*—水平断距

图 2 – 11 断距示意图

根据断层两盘相对运动的方向，断层可分为以下 3 种类型，如图 2 – 12 所示。

（1）正断层。上盘相对下降，下盘相对上升。

（2）逆断层。上盘相对上升，下盘相对下降。

(3) 平推断层。断层两盘沿水平方向相对移动。

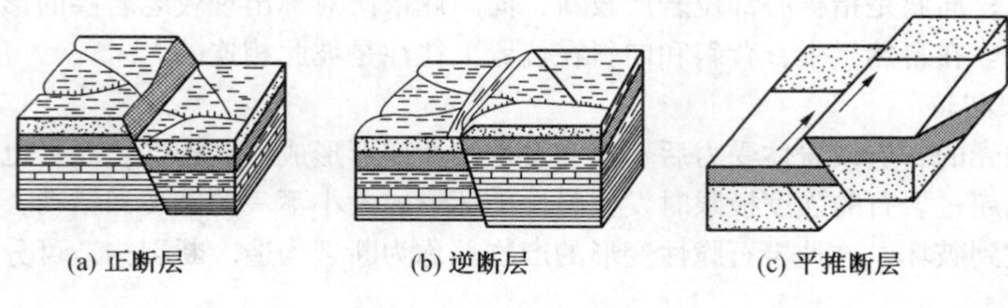

图 2-12　断层示意图

根据断层走向与岩层走向的关系分为：

走向断层——断层走向与岩层走向平行；

倾向断层——断层走向与岩层走向垂直；

斜交断层——断层走向与岩层走向斜交。

根据断层的组合形式不同，分别可以构成地堑、地垒、阶梯构造等断层组。

断层在各矿区分布很广，其形态、类型繁多，规模大小不一。一般将落差大于 50 m 的称为大型断层；落差在 20 ~ 50 m 之间的称为中型断层；落差小于 20 m 的称为小型断层。断层对煤矿设计、生产影响很大。

(三) 矿井水文地质和工程地质知识

矿井建设和生产过程中流入井下空间的矿井水，以及与煤矿开拓、开采有关的工程地质问题，对煤矿建设、生产的影响很大，因此必须搞清矿井充水的水文地质特征和工程地质特征，以便选择合理的开采方法，选择经济合理的安全措施。

1. 地下水

1) 地下水在岩石中存在的形式

水在岩石空隙中存在的形式，主要有以下几种：

(1) 气态水。气态水是指呈气体状态充满在岩石空隙中的水蒸气。

(2) 结合水。它是因分子力作用而被吸附于岩石颗粒表面的水。

(3) 毛细水。它是充填于岩石毛细孔隙和细的裂隙中的水。

(4) 重力水。重力水是指完全受重力作用影响而运动的地下水，它存在于岩石中较大的孔隙和孔洞内，具有液态水的一般通性。

(5) 固态水。当温度低于水的冰点时，岩石中的水便成为固态的冰，称为固态水。

2) 含水层和隔水层

含有地下水且透水的岩层称为含水层，它也是在地下水位以下的透水岩层，如砾岩层和砂层组成的碎屑岩层、裂隙岩溶发育的石灰岩和白云岩等岩层。由不透水岩石构成的岩层，具有隔绝地下水的性能，称为隔水层，如页岩和泥灰岩构成的岩层，以及裂隙岩溶不发育的基岩。地下水遇到隔水层时受到阻挡，无法透过，当井筒穿过这些岩层时，井壁就干燥无水。

2. 矿井水

矿井水是指在矿井建设和生产过程中，流入井筒、巷道及采煤工作面的地表水、地下水、老窑积水和大气降水。矿井充水的水源主要有大气降水、地表水、含水层水、老窑积水、断层水5种。矿井充水通道主要有岩石的孔隙与岩层裂隙、断层、岩溶洞隙和人为因素产生的矿井充水通道。矿井充水程度的表示方法主要有含水系数和矿井涌水量两种。含水系数又称为富水系数，是指矿井中排出水量 Q 与同一时期矿井中煤炭采出量 m 的比值，用 K_m 表示，即

$$K_m = Q/m$$

根据含水系数的大小，可将生产矿井的充水程度分为4种：充水弱的矿井（$K_m \leqslant 2\ m^3/t$），充水中等的矿井（$K_m = 2 \sim 5\ m^3/t$），充水强的矿井（$K_m = 5 \sim 10\ m^3/t$），充水极强的矿井（$K_m > 10\ m^3/t$）。

矿井涌水量是指单位时间内流入矿井的水量，通常用 Q 表示。根据矿井涌水量的大小，可将矿井分为涌水量小的矿井（$Q \leqslant 180\ m^3/h$），涌水量中等的矿井（$Q = 180 \sim 600\ m^3/h$），涌水量大的矿井（$Q = 600 \sim 2100\ m^3/h$），涌水很大的矿井（$Q > 2100\ m^3/h$）。

3. 井筒施工的工程地质性质

立井井筒施工中，覆盖于基岩之上的第四纪、第三纪冲击层和岩石风化带统称为表土层。立井井筒基岩施工是指表土层或风化岩层以下的井筒施工，基岩段主要由各类较坚固的完整岩石构成。从工程地质角度来考虑，岩石是矿物集合体，又是无显著软弱面的石质建筑材料。岩体是指岩石的地质综合体，它被各式各样宏观地质界面分割成大小不等、形态各异、多按一定规律排列的许多块体。

岩石是井筒施工的主要对象，它的物理力学性质对井筒的掘进、爆破及支护有很大影响。

1）结构特性

岩体的非均质性、岩石的层理性以及岩石的裂隙性是岩石最突出的结构特性。

均质性好的岩石强度高，透水性差，对掘进安全施工有利；均质性差的岩石则强度差，透水性好，对掘进施工安全不利。节理和裂隙发育的岩石，钻眼时很容易夹钎子并会不同程度地降低爆破效果等。

2）岩石的力学性质

岩石的力学性质主要是指岩石的变形特征及岩石的强度。影响力学性质的因素很多，如岩石的类型、组构、围压、温度、应变率、含水量、载荷时间，以及载荷性质，等等。

（1）岩石的变形特征。岩石的变形特征，反映岩石在载荷作用下改变自身的形状或体积直至破坏的情况。岩石在载荷作用下，首先发生变形，当载荷增大至超过极限强度时，就会导致岩石破坏。就是说，变形阶段包含岩石破坏因素，而破坏则是不断变形的结果。

根据受力情况不同，岩石的变形有以下几种状态。

弹性变形。岩石在载荷作用下，改变自身的形状或体积，当去掉载荷以后，又能恢复其原来形状或体积，这种变形称作弹性变形。

塑性变形。岩石在载荷作用下发生变形，当去掉载荷后变形不能恢复，这种变形称作塑性变形。

脆性破坏。岩石在载荷作用下，没有明显的塑性变形就突然破坏，这种破坏称作脆性破坏，这种岩石称作脆性岩石。煤矿井下大部分岩石为脆性岩石。

弹塑性变形。岩石同时具有弹性变形和塑性变形，这种变形称作岩石的弹塑性变形。

流变。许多岩石的变形并非在一瞬间完成，而是与时间有密切关系。通常把岩石在长

期载荷作用下的应力应变随时间而变化的性质称为岩石的流变性。不同的岩石，其流变速率差异很大。例如位于软岩中的井筒，由于软岩流变速率大，开掘后，掘进迎头断面很有可能片帮。岩石的流变性质可分为蠕变、弹性后效和松弛几类。

蠕变是指在恒定载荷持续作用下，应变随时间增长而变化的现象。它又分为稳定蠕变和不稳定蠕变两类。稳定蠕变是指岩石在恒定载荷作用下，应变量增加，然后逐渐减缓，最后趋于稳定值；不稳定蠕变是指岩石在恒定载荷作用下，应变量随时间增长而不断增加，直到岩石破坏。例如，立井井筒在马头门上 10 ~ 15 m 处经常开裂，多是蠕变的结果。

弹性后效是指岩石加载后需要经过一段时间后，弹性变形才能完全恢复的现象。

松弛是指在变形量一定的条件下，应力随时间的持续而逐渐减少的现象。

（2）岩石的强度特性。岩石的强度特性反映岩石抵抗破坏的能力。其用单位面积上所受力的大小来表示，单位为 Pa（帕）。岩石强度的大小，一般按下列顺序排列：

三向等压＞三向非等压＞双向等压＞单向等压＞剪切＞弯曲＞单向拉伸。

一般岩石的单向抗拉强度仅为单向抗压强度的 1/30 ~ 1/5，双向抗压强度为单向抗压强度的 1.5 ~ 2.0 倍。

岩石的强度越高，其抵抗外力的变形、破坏的能力越强，则井筒围岩就越稳定。

（3）岩石的破坏特性。岩石的破坏方式主要是拉断、剪断、塑性变形等。在井巷掘进施工中，常见的破坏方式有较软岩体出现曲线形破裂面，坚硬岩体沿结构面滑动，脆性岩体出现突然岩块张拉破裂；坚固岩层内夹有软岩层时，软弱夹层呈现塑性挤出的破坏。

3）岩石的工程分级

按成因不同，岩石可分为岩浆岩、沉积岩、变质岩三大类。掘进工程要对岩石进行定量区分，以便能正确地进行工程设计，合理地选用施工方法、施工设备、机具和器材，准确地制定生产定额和材料消耗定额等。岩石工程分级问题由此而产生。

我国一直沿用至今的普氏分级法是苏联 M · M · 普罗托奇雅可诺夫于 1926 年提出的，他以“坚固性”这一概念作为岩石工程分级的依据。坚固性不同于强度，它表示岩石在各种作业（锹、镐、钻机、炸药爆破等）以及地压等外力作用下受破坏的相对难易程度。普氏认为，岩石的坚固性在各方面的表现大体一致，难破碎的岩石用各种方法都难于破碎，容易破碎的岩石用各种方法都易于破碎。他用一个综合性的指标“坚固性系数”来表示岩石破坏的相对难易程度。通常称 f 为普氏岩石坚固性系数，f 值可用岩石的单向抗压强度 R_c（MPa）除以 10（MPa）求得，即

$$f=\frac{R_c}{10}$$

根据 f 值的大小，可将岩石分为 10 级共 15 种（表 2－3）。

表 2－3　普氏岩石分级表

级别	坚固性程度	岩　石	坚固性系数 f
Ⅰ	最坚固的岩石	最坚固、最致密的石英岩及玄武岩，其他最坚固的岩石	20
Ⅱ	很坚固的岩石	很坚固的花岗岩类；石英斑岩，很坚固的花岗岩，硅质片岩；坚固程度较Ⅰ级岩石稍差的石英岩；最坚固的砂岩及石灰岩	15

表2-3（续）

级别	坚固性程度	岩　石	坚固性系数f
Ⅲ	坚固的岩石	花岗岩（致密的）及花岗岩类岩石；很坚固的砂岩及石灰岩；石英质矿脉，坚固的砾岩；很坚固的铁矿石	10
$Ⅲ_a$	坚固的岩石	坚固的石灰岩；不坚固的花岗岩；坚固的砂岩；坚固的大理岩；白云岩；黄铁矿	3
Ⅳ	相当坚固的岩石	一般的砂岩，铁矿石	6
$Ⅳ_a$	相当坚固的岩石	砂质页岩；泥质砂岩	3
Ⅴ	坚固性中等的岩石	坚固的页岩；不坚固的砂岩及石灰岩；软的砾岩	4
$Ⅴ_a$	坚固性中等的岩石	各种（不坚固的）页岩；致密的泥灰岩	3
Ⅵ	相当软的岩石	软的页岩；很软的石灰岩；白垩；岩盐；石膏；冻土；无烟煤；普通泥灰岩；破碎的砂岩；胶结的卵石及粗砂砾；多石块的土	2
$Ⅵ_a$	相当软的岩石	碎石土；破碎的页岩；结块的卵石及碎石；坚硬的烟煤；硬化的粘土	1.5
Ⅶ	软土	黏土（致密的）；软的烟煤；坚固的表土层，黏土质土壤	1.0
$Ⅶ_a$	软土	轻砂质黏土（黄土、细砾石）	0.8
Ⅷ	壤土状土	腐殖土；泥炭；轻亚黏土；湿砂	0.6
Ⅸ	松散土	砂；小的细砾石；填方土；已采下的煤	0.5
Ⅹ	流动性土	流砂；沼泽土；含水黄土及其他含水土壤	0.3

四、测量基础知识

矿山测量是矿山建设时期和生产时期的重要一环。立井建设期间的测量主要涉及近井点的标定、井下高程测量、矿井联系测量。测量主要任务是为标定井筒十字中心线、测定井深、标定相关硐室开切位置等。矿山测量工作涉及地面和井下，不但要为矿山建设提供服务，也要为安全生产提供信息，以供领导对质量管理及安全生产做出决策。

测量主要分为角度测量、距离测量和方向测量。

1. 角度测量

角度测量即测定水平角或竖直角。水平角是一点到两个目标的方向线垂直投影在水平面上所成的夹角。竖直角是一点到目标的方向线和一特定方向之间在同一竖直面内的夹角，通常以水平方向或天顶方向作为特定方向。水平方向和目标方向间的夹角称为高度角。天顶方向和目标方向间的夹角称为天顶距。

角度的度量常用60分制和弧度制。60分制即一周为360°，1°为60′，1′为60″。弧度制采用圆周角的1/2为1弧度，1弧度约等于57°17′45″。角度测量主要使用经纬仪，测角时安置经纬仪，使仪器中心与测站标志中心在同一铅垂线上，利用照准部上的水准器整平仪器后，进行水平角或竖直角观测。

观测两个方向之间的水平夹角采用测回法，对3个以上的方向采取方向观测法或全组合测角法。

测回法即用盘左（竖直度盘位于望远镜左侧）、盘右（竖直度盘位于望远镜右侧）两个位置进行观测。用盘左观测时，分别照准左、右目标得到两个读数，两数之差为上半测回角值。为了消除部分仪器误差，倒转望远镜再用盘右观测，得到下半测回角值。取上、下两个半测回角值的平均值为一测回的角值。按精度要求可观测若干测回，取其平均值为最终的观测角值。

方向观测法是当有3个以上方向时，在上、下各半测回中依次对各方向进行观测，以求得各方向值，上、下两个半测回合为一测回，这种方法称为全圆测回法。按精度需要测若干测回，可得各方向观测值的平均值，所需角度值由相应方向值相减得出。

全组合测角法，每次取两个方向组成单角，将所有可能组成的单角分别采取测回法进行观测。各测站的测回数与方向数的乘积应近似地等于一常数。由于每次只观测两个方向间的单角，可以克服各目标成像不能同时清晰稳定的困难，缩短一测回的观测时间，减少外界条件的影响，易于获得高精度的测角成果。

观测竖直角以望远镜十字丝的水平丝分别按盘左和盘右照准目标，读取竖直度盘读数为一测回。如测站上有几个观测目标，先在盘左依次观测各目标，再在盘右依相反顺序进行观测。读数前，必须使竖盘指标水准气泡严格居中。

2. 距离测量

距离测量即测量地面上两点连线长度，是测量工作中最基本的任务之一。通常需要测定的是水平距离，即两点连线投影在某水准面上的长度。距离测量的精度用相对精度表示，即距离测量的误差同该长度的比值，用分子为1的分式$1/n$表示。距离测量的方法有量尺量距、视距测量、视差法测距和电磁波测距等，可根据测量的性质、精度要求和其他条件选择。

（1）量尺量距。用量尺直接测定两点间的距离，分为钢尺量距和因瓦基线尺量距。钢尺用薄钢带制成，长20 m、30 m或50 m。所量距离大于尺长时，需先标定直线再分段测量。钢尺量距的精度一般高于1/1000。

（2）视距测量。用有视距装置的测量仪器，按光学和三角学原理测定两点间距离的方法。常用经纬仪、平板仪、水准仪和有刻画的标尺施测。通过望远镜的两条视距丝，观测其在垂直竖立的标尺上的位置，视距丝在标尺上的间隔称为尺间隔或视距读数，仪器到标尺间的距离是尺间隔的函数。对于大多数仪器来说，设计时使距离和尺间隔之比为100。视距测量的精度可达1/300～1/400。

（3）视差法测距。用经纬仪测量定长基线横尺所对的水平角，利用三角函数公式计算仪器至基线间的水平距离，此水平角称为视差角。基线横尺两端固定标志间的距离一般为2 m。尺上装有水准器和瞄准器，以便将横尺安置水平并使尺面与测线垂直。视差法测距的精度较低。

（4）电磁波测距。这是一种新的理想的测距方法，测程较长，测距精度高，工作效率高。

3. 方向测量

确定一条直线的方向称为直线定向。要确定直线的方向，首先要选定一标准方向线，作为直线定向的依据，然后由该直线与标准方向线之间的水平角确定其方向。

1）标准方向

测量中常以真子午线、磁子午线、坐标纵轴作为直线定向的标准方向。

（1）真子午线。通过地面上某点指向地球南北极的方向线，称为该点的真子午线。用天文观测的方法或陀螺经纬仪来测定。

（2）磁子午线。磁针在地球磁场的作用下自由静止时所指的方向，即为磁子午线方向。

由于地磁的南北极与地球的南北极并不重合，因此，地面上某点的磁子午线与真子午线也不一致，它们之间的夹角称为磁偏角 δ'（图 2－13）。磁针北端所指的方向线偏于真子午线以东的称为东偏，规定为正，偏西的称为西偏，规定为负。磁偏角的大小随地点的不同而不同，即使在同一地点，由于地磁经常变化，磁偏角的大小也变化，我国磁偏角的变化在 +6°（西北地区）和 －10°（东北地区）之间，北京地区的磁偏角约为 －6°。

（3）坐标纵轴。经过地球表面各点的子午线收敛于地球两极，地面上两点子午线方向间的夹角称为子午线收敛角，用 γ 表示，如图 2－14 所示。它给计算工作带来不少麻烦，因此，测量中常采用高斯－克吕格平面直角坐标的坐标纵轴作为标准方向。优点是任何点的标准方向都平行于坐标纵轴。

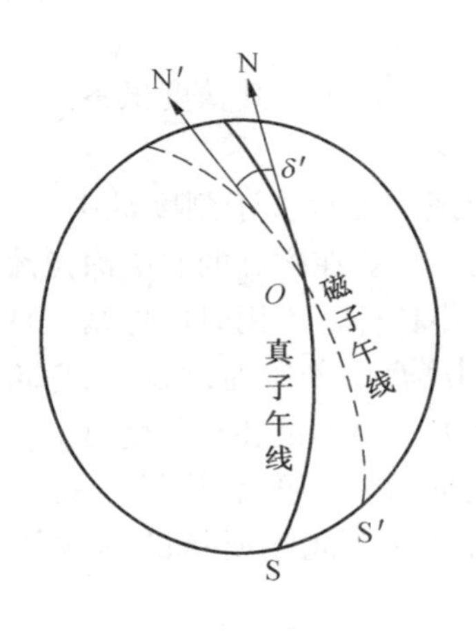

图 2－13 磁偏角示意图

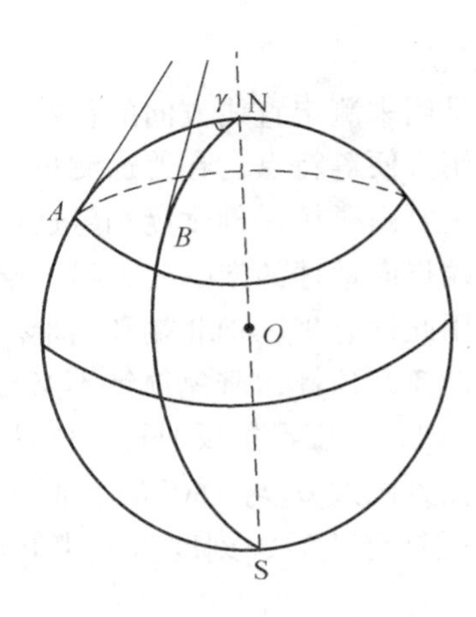

图 2－14 子午线夹角

2）直线方向的表示方法

测量中常用方位角或坐标方位角来表示直线的方向。

（1）方位角。从直线一端的子午线北端开始顺时针方向至该直线的水平角，称为该直线的方位角，角值为 0°～360°。如果以真子午线为标准方向，称为真方位角；以磁子午线为标准方向，称为磁方位角。如图 2－15 所示，A_{0-1}、A_{0-2}、A_{0-3}、A_{0-4}分别为直线 1、2、3、4 的真方位角。

同一条直线的不同端点其方位角也不同，如图 2－16 所示，在 A 点测得的方位角为 A_{ab}，在 B 点测得的方位角为 A_{ba}，则有

$$A_{ba} = A_{ab} + 180° \pm \gamma$$

测量中常以直线前进方向为正方向，反之则为反方向。设 A 点为直线的起始端，B 点为直线的终端，则 A_{ab}为正方位角，A_{ba}为反方位角。

（2）坐标方位角。从坐标纵轴的北端顺时针方向到一直线的水平角，称为直线的坐

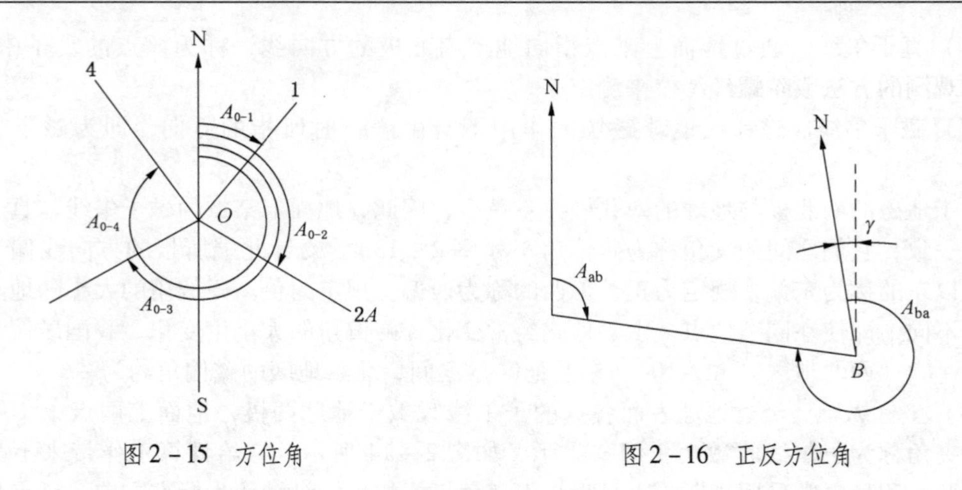

图 2-15　方位角　　　　图 2-16　正反方位角

标方位角，用 d 表示。一直线的正、反坐标方位角相差 180°（因为两端点的指北方向互相平行）。

3）罗盘仪

罗盘仪是用来测定直线方向的仪器，它测得的是磁方位角，其精度虽不高，但具有结构简单，使用方便等特点，在普通测量中使用较为广泛。

罗盘仪主要由磁针、刻度盘和望远镜等 3 部分组成。磁针位于刻度盘中心的顶针上，静止时，一端指向地球的南磁极，另一端指向北磁极。一般在磁针的北端涂黑漆，在南端绕有铜丝，用此标志来区别北端和南端。磁针下有一小杠杆，不用时应拧紧杠杆一端的小螺丝，使磁针离开顶针，避免顶针不必要的磨损。刻度盘的刻画通常以 1°或 30°为单位，每 10°有一注记，刻度盘按反时针方向从 0°注记到 360°。望远镜装在刻度盘上，物镜端与目镜端分别在刻画线 0°与 180°的上面。罗盘仪在定向时，刻度盘与望远镜一起转动指向目标，当磁针静止后，刻度盘上由 0°逆时针方向至磁针北端所指的读数就是磁方位角。

第二节　文明生产知识

一、现场文明施工的要求

1. 建立组织，健全管理制度

施工项目部应成立以项目经理为组长的文明施工领导组，制定项目文明施工管理制度，对现场文明施工进行监督、检查、指导，对违反文明施工的行为，责令限期整改或停工整顿，必要时对责任人进行处罚。各施工队成立以队长为组长的现场文明施工小组，负责各施工区域内的现场施工管理工作，并结合实际情况制定文明施工管理细则。

2. 标识牌、施工图板管理

设置工点标牌，标明工程项目名称、范围、开竣工时间、施工负责人、技术负责人。设置监督、举报电话和信箱，接受监督。

施工现场设置醒目的安全警示标志、安全标语，作业场所有安全操作规章制度，现场的施工用电设施安装规范、安全、可靠。

作业场所设置规范的符合现场实际的施工作业图板，图板图文标注清晰、准确，并保护完好。现场作业人员熟知图表内容。

3. 爆破管理

火工品的存放、运输及引药制作应符合相关规定，严禁将起爆药卷与炸药装在同一吊桶内运往井下，严格执行“一炮三检”和“三人连锁爆破制”，严格执行火工品领退制度，井下爆破必须由专职爆破工担任并持证上岗，爆破操作必须在地面进行。爆破作业应符合《煤矿安全规程》要求。

4. “一通三防”管理

风筒吊挂垂直，不得漏风，逢环必挂，逢破必补，风筒口必须穿过吊盘，距迎头距离不超过 10 m。严禁无计划停风。因检修、停电等原因停风时，必须撤出人员，切断电源。严格执行炮眼布置，装药量、炮眼装填的规定。井口及井下使用电焊、氧焊时必须制定专门措施。严格执行瓦斯检查制度，掘进迎头瓦斯控制及撤人、断电等措施应符合《煤矿安全规程》要求。

5. 提升运输管理

井口及井上、下各盘孔要封闭严密，对井口以及井壁上的悬浮杂物清理干净以免坠物伤人。吊桶上、下人员时，要戴好保险带，上、下罐时不准乱抢、乱跳。下放材料或爆破物品，不准与人员同罐。下放长料时，一定要捆牢绑紧。下放重物构件时，每班要有专人负责，检查绳扣连接是否牢固，悬挂是否正确、安全、可靠。升降物料、设备时，捆绑和起吊绳索要符合相关规定，物料、设备吊起距地面 500 mm 时，停钩检查牢固情况，清除黏结杂物，确认无误后再行走钩。

二、劳动保护知识

1. 煤炭行业主要职业危害因素

煤炭行业主要职业危害因素有煤矿井下生产性粉尘、有害气体、生产性噪声和震动、不良气候条件和放射性物质。

2. 职业危害

1）工伤

工伤就是因工受伤。发生工伤的原因很多，除了上述职业危害因素外，工人缺乏安全生产知识和不注意防护也是造成工伤的因素之一。

2）职业病

在生产劳动过程中由职业危害因素引起的疾病称为职业病。但是，目前所说的职业病是国家明文规定列入职业病名单的疾病，称为法定职业病。按照《关于印发〈职业病目录〉的通知》共有 10 大类 115 种。尘肺病是我国煤炭行业主要的职业病，煤矿工人尘肺病累计总数居全国各行业之首。

3）工作相关疾病（职业多发病）

工作相关疾病与职业危害因素相关，但职业危害不是工作相关疾病发生的直接原因，仅是导致发病的因素之一。

3. 主要劳动保护措施

(1) 施工组织设计中应有矿井作业环境的治理措施。

(2) 井下作业环境危险因素应按照国家规范要求定期监督检测。

(3) 井下有热害时，应采取加大通风、隔绝热源、增湿降温、人工制冷等措施。

(4) 井巷工程的施工，必须采取湿式凿岩、水封爆破、爆破喷雾、洒水出矸、冲刷岩帮、设置水幕、加强通风等防尘措施。

(5) 作业场所的噪声不应超过 85 dB (A)。大于 85 dB (A) 时，需配备个人防护用品；大于或等于 90 dB (A) 时，还应采取降低作业场所噪声的措施。

(6) 矿区水源和供水工程应保证矿区工业用水量，其水质应符合国家卫生标准。

(7) 煤矿企业必须按国家规定对生产性毒物、有害物理因素等进行定期检测。

(8) 煤矿企业必须按国家有关法律、法规的规定，对新入矿工人进行职业健康检查，并建立健康档案；对接尘工人的职业健康检查必须拍胸片。对有职业病者定期进行复查，对检查出的硅肺病人应安排治疗和疗养。

(9) 患有不适于从事井下工作的其他疾病病人，不得从事井下工作。

(10) 粉尘、毒物及有害物理因素超过国家职业卫生标准的作业场所，除采取防治措施外，作业人员必须佩戴防尘或防毒等个体劳动防护用品。

第三节　质量管理知识

一、质量验收规范

《煤矿井巷工程质量验收规范》(GB 50213—2010) 于 2010 年 5 月 31 日发布，并于 2010 年 12 月 1 日实施。该规范规定了煤矿井巷工程施工质量的基本要求，取消了原标准中的优良等级，明确了合格标准，承包合同、工程技术文件、施工中的验收、竣工验收，以及最终的质量认证的标准均不得低于该规范。

(1) 规定了井巷工程的主要材料、半成品、成品、构配件的验收方式和复检批量。

(2) 归纳了关于煤矿井巷工程质量验收的工程建设强制性条文。

(3) 规范了井巷工程质量验收的工程划分。质量验收应按分项工程、分部（或子分部）工程、单位（或子单位）工程进行，分项工程组成分部工程，分部工程组成单位工程。这样，从最基本的工程部位抓起，逐层进行检验，有利于质量控制，使施工质量逐层得到保障，将不合格品消灭在施工过程中，达到全部一次验收合格的目的。

(4) 井巷工程质量验收应按照规范选点进行验收。立井井筒检查点在工序验收时每个循环设一个，中间、竣工验收时不少于 3 个，且其间距不大于 20 m。井筒的每个检查点上应均匀设置 8 个测点，其中 2 个测点应设在与永久提升容器最小距离的井壁上。

(5) 分项工程检验合格应符合下列规定：

①主控项目的质量经抽样检验，每个检验项目的检查点均应符合合格质量规定；检查点中有 75% 及以上的测点符合合格质量规定，其余的测点不得影响安全使用。

②一般项目的质量经抽样检验，每个检验项目的测点合格率应达到 70% 及以上，其余测点不得影响安全使用。

③具有完整的施工操作依据、质量检查记录。

（6）分部（或子分部）工程质量验收合格应符合下列规定：

①分部（或子分部）工程所含分项工程的质量均应验收合格。

②质量保证资料应基本齐全。

（7）单位（或子单位）工程质量验收合格必须符合下列规定：

①单位（或子单位）工程所含分部（或子分部）工程的质量均应验收合格。

②质量控制资料应完整。

③单位（或子单位）工程所含分部工程有关安全和功能的检测资料应完整。

④主要功能项目的抽查结果应符合相关专业质量验收规范的规定。

⑤观感质量验收的得分率应达到70%及以上。

（8）验收程序：

①施工单位应对每一循环的分项工程质量进行自检，填报工序质量验收记录表。

②分项工程应由建设单位或委托监理单位专业监理工程师组织相关单位进行验收。

③分部工程应由建设单位或委托监理单位总监理工程师组织相关单位进行验收。

④单位工程完工后，施工单位应自行组织有关人员进行检查评定，并向建设单位提交工程竣工报告。

⑤建设单位应在单位工程竣工验收合格后15个工作日内，向煤炭工业建设工程质量监督机构申请质量认证；煤炭工业建设工程质量监督机构在收到单位工程质量认证申请书和相关资料后，应在15日内组织工程质量认证。

⑥煤矿井巷工程不经单位工程质量认证，不得进行工程竣工结（决）算及投入使用。

二、质量保证体系

质量保证体系是企业内部的一种系统的技术和管理手段，是指企业为生产出符合合同要求的产品，满足质量监督和认证工作的要求，建立的必需的、全部的、有计划的、系统的企业活动。

（一）质量保证体系的主要内容

1. 建立质量目标与质量计划

质量目标与质量计划是形成质量保证体系的基础，也是各部门、各环节质量管理的行动纲领，它由综合计划与目标，以及分项目、分时期、分部门的具体计划，共同形成质量计划体系。

2. 建立质量责任制度

除有专门的质量管理机构归口管理工程质量外，质量责任制度还应规定企业的其他管理部门及全体员工均对本部门及本职工作负有相关的质量责任。

3. 设立专职质量管理机构

专职质量管理机构是企业或部门领导执行质量管理职能的办事机构，协助进行日常质量管理工作，组织编制质量计划。公司、工程处设专职机构，项目部、施工队设管理小组，班组设质检员。

4. 健全的质量检验制度和手段

健全的质量检验制度，要求检验工作贯穿整个过程，从材料、设备订货进场开始，到工序检验、竣工验收的每个过程，也要求质量检验部门和专职人员的例行检验，以及施工人员的自检。

（二）质量管理的基本理念与方法

质量保证体系的运行应以质量计划为主线，以过程管理为重心，按 PDCA 循环进行，通过计划（Plan）—实施（Do）—检查（Check）—处理（Action）的管理循环步骤展开控制，提高保证水平。PDCA 循环具有大环套小环、相互衔接、相互促进、螺旋式上升，形成完整的循环和不断推进等特点。

1. 计划阶段（P）

计划（Plan）即确定质量管理的方针、目标，以及实现方针、目标的措施和行动计划；质量保证体系主要内容是制订质量目标、活动计划、管理项目和措施方案。步骤如下：

（1）分析现状，找出存在的质量问题。

（2）分析产生质量问题的各种原因和影响因素。

（3）从各种原因中找出质量问题的主要原因。

（4）针对造成质量问题的主要原因，制定技术措施方案，提出解决措施的计划并预测预期效果，然后具体落实到执行者、时间进度、地点和完成方法等各个方面。

2. 执行阶段（D）

实施（Do）包含计划行动方案的交底和按计划规定的方法及要求展开的施工作业技术活动，就是将指定的计划和措施，具体组织实施。这是质量管理循环的第二步。

3. 检查阶段（C）

检查（Check）就是对照计划，检查执行的情况和效果，包括检查是否严格执行了计划的行动方案和检查计划执行的结果；主要是在计划执行过程中或执行之后，检查执行情况，是否符合计划的预期结果。这是质量管理循环的第三步。

4. 处理阶段（A）

处理（Action）以检查结果为依据，分析检查结果，总结经验，吸取教训。包括两个步骤：

（1）总结经验教训，巩固成绩，处理差错。

（2）将未解决的问题转入下一个循环，作为下一个循环的计划目标。

三、安全生产标准化

1. 安全管理方面

（1）项目部建立安全生产组织机构及合理配备管理、技术人员。

（2）项目部管理人员资格及资质符合要求。

（3）建立健全安全生产责任制度。

（4）加大安全质量标准化投入，定期进行安全培训，收集安全管理资料。

2. 技术质量管理方面

（1）水文地质资料、图纸会审记录、开工报告、安全技术措施审批和传达记录齐全。

（2）项目部建立质量管理机构，明确责任部门和人员及其质量职责。

（3）成立 QC 小组且有活动计划，内容符合项目部质量目标并有考核记录。

（4）建立项目部受控文件清单，有管理体系文件及《矿山井巷工程施工及验收规范》《煤矿井巷工程质量检验评定标准》《煤矿安全规程》等受控文件。

（5）有混凝土配合比实验报告、混凝土坍落度检验工具和实验记录，具有资质单位出具的混凝土实验报告，配合比参数牌板悬挂在搅拌站操作台。

（6）混凝土配比计量装置有定期校正规程和记录，混凝土坍落度按规范要求有测试记录。

（7）水泥、钢筋、砂、石、外加剂等主要材料有供方调查表和合格供方记录，有实验报告或质检报告，以确保质量合格。

（8）砌壁大模板有出厂合格证，安装、悬吊安全可靠且有验收记录，每次立模有质量检验记录。

（9）建立质量检测设备台账，检测设备的周检和使用情况有检测报告和记录。

（10）针对建设（监理）单位通知、指令等提出的质量问题和质量事故，有书面的整改措施和整改验收结果。

（11）掘进工作面正规循环率达到85%以上，且有循环图表编制、循环作业记录、正规循环分析记录和改进措施等。

四、掘进工岗位责任制

（1）服从领导，听从指挥，不违章作业，在安全的前提下，保质保量完成当班作业计划。

（2）工作前首先检查通风、帮部岩石、中线等情况，发现问题及时处理。如工作面出现严重威胁安全情况时，应先撤出人员再向项目部和调度值班人员汇报。

（3）严格执行掘进技术操作规程及作业规程，搞好工程质量，做好防片帮管理工作。

（4）必须采取湿式打眼，按相关规定洒水灭尘，爆破时严格执行爆破规定。

（5）打眼前应严格按爆破图表和中线定好眼位，保证眼的方向、角度、深度符合标准。

（6）做好风动工具、设备的维护及保养，使用前要检查，使用后要擦干净。

（7）要按照施工及验收规范的要求做好掘进、钢筋、混凝土质量的控制，爱护工具设备和安全设施，不得无故损坏和丢失。

（8）积极学习技术，认真参加班前、班后会，及时总结经验和教训，不断提高技术操作水平。

第四节 安 全 知 识

一、《煤矿安全规程》

1.《煤矿安全规程》的性质

《煤矿安全规程》是煤矿安全法规群体中一部非常重要的法规，它既具有安全管理的内容，又具有安全技术的内容。

《煤矿安全规程》是煤炭工业贯彻执行党和国家安全生产方针和国家有关矿山安全法

规在煤矿的具体规定，是保障煤矿职工安全与健康，保证国家资源和财产不受损失，促进煤炭工业现代化建设必须遵循的准则。在我国从事煤炭生产和煤矿建设活动，必须遵守《煤矿安全规程》。因此，《煤矿安全规程》是煤炭工业主管部门下达的关于安全管理特别是关于安全技术的总的规定，是煤矿职工从事生产和指挥生产最重要的行为规范。

2.《煤矿安全规程》的特点

（1）强制性。违反《煤矿安全规程》要视情节或后果给予经济和行政处分。对造成重大事故和严重后果者，要进一步按照有关法律和法规追究行政责任（行政处分和行政处罚）和刑事责任，由特定的行政机关和司法机关强制执行。

（2）科学性。《煤矿安全规程》的每一条规定都是经验总结或血的教训，都是以科学实验为依据，科学和准确地对煤矿的各种行为做出的规定。

（3）规范性。《煤矿安全规程》的每一条规定都是在煤矿特定条件下可以普遍适用的行为规则，它明确规定了煤矿生产建设中哪些行为被禁止，哪些行为被允许。

（4）稳定性。《煤矿安全规程》一经颁布执行，不得随意修改，在一段时间内有相对的稳定性。经应用一段时间后，由国务院煤炭工业主管部门按规定程序负责修改。

3.《煤矿安全规程》的作用

（1）《煤矿安全规程》具体地体现了国家对煤矿安全工作的要求，进一步调整了煤矿企业管理中人和人之间的关系。

（2）《煤矿安全规程》正确地反映了煤矿生产的客观规律，明确了煤矿安全技术标准，调整了煤炭生产中人和自然的关系。

（3）《煤矿安全规程》同其他安全法规一样，有利于加强法制观念、限制违章、惩罚犯罪、确保安全。

（4）《煤矿安全规程》有利于加强职工监督安全生产的权力，有利于发动群众搞好安全生产工作。

二、《煤矿建设安全规范》（AQ 1083—2011）

1.《煤矿建设安全规范》（AQ 1083—2011）的性质

《煤矿建设安全规范》（AQ 1083—2011）在认真总结分析《煤矿建设安全规定（试行）》（原煤炭工业部 1997 年发布）实施情况的基础上，依据《中华人民共和国安全生产法》《中华人民共和国建筑法》《煤矿安全规程》等有关法律法规和标准，规定了煤矿建设施工中应具备和满足的各项安全条件及要求。

2.《煤矿建设安全规范》（AQ 1083—2011）的使用范围

《煤矿建设安全规范》（AQ 1083—2011）规范了煤矿建设期间安全生产设施的设置和安全环境的要求，以及参与建设活动的各责任主体（包括煤矿建设、设计、施工和监理等单位）的安全资格与安全行为，它适用于全国各类煤矿建设活动，包括新建、改建、扩建煤矿。

三、立井掘砌施工的重大隐患

立井掘砌施工的重大隐患主要包括：瓦斯、透水、片帮、机电事故、高处坠落、火工品、井下粉尘、火灾。

1. 瓦斯

瓦斯的危害主要有：

（1）瓦斯窒息死亡：甲烷本身虽然无害，但当空气中的甲烷浓度较高时，就会相对降低空气中的氧气浓度，造成人体缺氧，甚至窒息。

（2）瓦斯燃烧：当瓦斯浓度达到一定数值时，与空气混合，遇到高温火源就能燃烧引起矿井火灾。

（3）瓦斯爆炸：当瓦斯浓度达到一定数值时，与空气混合，遇到高温火源就可能引起瓦斯爆炸。

（4）瓦斯突出：大量有害气体瞬间涌入矿井，造成窒息，如果满足爆炸条件，还会发生爆炸。

2. 透水

井下透水是煤矿常见的灾害之一，地面水和地下水通过各种通道涌入矿井，当矿井涌水量超过正常排水能力时，就会造成透水事故，不但影响矿井正常生产，而且有时还会造成人员伤亡，淹没矿井，危害十分严重。

（1）突水预兆：

①岩层变潮、变软；岩帮出现淋水、滴水现象，且淋水由小变大，有时岩帮出现铁锈色水迹，或淋水中有细砂颗粒。

②矿压增大，发生片帮、冒顶及底鼓。

③工作面气温降低，或出现雾气并伴有臭鸡蛋气味。

④有时可听到水的“嘶嘶”声。

（2）防治水的措施主要有：

①矿井井口和工业场地内建筑物应当避开可能发生泥石流、滑坡的地段。

②标高应高于当地历年最高洪水位，否则应当修筑堤坝、沟渠或者采取其他排水措施。在雷雨季节到来之前，要按《煤矿安全规程》的要求编制防洪防雷措施，准备好防汛物资。当暴雨威胁矿井安全时，必须立即停产，撤出井下全部人员，只有在确认暴雨洪水隐患彻底消除后，方可生产。

③建井期间的井下防治水主要措施是探放水注浆，应当坚持“预测预报、有疑必探、先探后掘、先治后采”的原则。

④立井基岩段施工时，对含水层数多、含水层段又较集中的地段，应当采用地面预注浆。对含水层数少或含水层数分散的地段，应当在工作面进行预注浆，并坚持“短探、短注、短掘”的原则。

⑤井筒穿过含水层段的井壁结构应当采用有效防水混凝土或设置隔水层。井筒淋水超过 6 m^3/h 时，应当进行壁后注浆处理。

3. 片帮

片帮是在井巷工程掘进施工中，侧壁在矿压或爆破冲击作用下破坏而脱落的现象，如果管理不当，极易砸死砸伤一线职工，为避免危险，应落实“敲帮问顶”制度，浮矸危石必须挑下后才能作业。

防止片帮的措施主要有：

（1）应积极推行光面爆破，严格按爆破图表及说明书规定的炮眼位置、深度、装药量、装药结构、连线方式和起爆顺序进行爆破，以达到成形规整及对围岩震动小的要求。

（2）在井筒施工通过表土层和松软岩层时必须有专门措施，采用井圈或其他临时支护时，必须紧靠工作面，严密加固。

（3）进行永久支护前，每班应派专人观测井帮变化情况，发现危险时，必须立即停止工作，撤出人员，进行处理。井筒永久支护的质量，必须符合设计要求，岩帮和支护之间必须填充密实。遇到岩层破碎时，根据现场实际情况，必要时可采用缩短掘进段高的措施。

（4）当班安检员、跟班队长、班长都应在交班时和爆破通风后先进入迎头进行"敲帮问顶"，如有异常应立即组织处理。

（5）井筒掘进遇到地质构造破碎不稳定岩层时，要制定安全措施并准备好抢险设备、材料，组织迅速施工，确保安全通过。

4. 机电事故

机电事故主要包括机械伤人和人身触电两个方面。

防范机电事故的主要措施有：

（1）加强机电特殊岗位人员的安全培训，落实机电安全责任，提高人员素质。

（2）建立机电设备管理制度，推行机电设备标准化管理、检查制度，实行逐机挂牌留名负责制。施工设备严禁出现失爆现象，安全用电做到"三无""四有"。

（3）严格执行停送电制度。严禁带电搬移设备和带电检修设备。坚持谁停电谁负责送电和停电挂牌警示制度。

（4）按照国家规范要求定期进行设备的检验、检测工作。

（5）严格按照设备的操作规范进行作业。

5. 高处坠落

井筒施工中，提升运输是施工的重要环节，人或物发生高处坠落的危险性较大，极易造成人员伤亡或凿井设备的损坏。

防止高处坠落的主要措施有：

（1）对入井人员加强培训教育，提高防坠意识。

（2）提升机械设备及钢丝绳必须经试验合格后方可使用，并定期检查和检测。

（3）健全井口管理制度，乘吊桶入井升井人员必须佩戴保险带，并对保险带定期检查、检测。

（4）建立上、下井检查制度，严禁人货混装，乘坐人员严禁将身体伸出吊桶。

（5）基岩段施工前，必须将吊盘、模板及抓岩机上的浮矸清理干净，才可继续施工。

（6）沿井壁安装风、水管路，抱箍、螺丝要拧紧，保证安装质量。

（7）上、下伞钻及抓岩机等大件设备时，夺钩及吊挂钢丝绳要有足够的安全系数。

6. 火工品

井下爆破使用的火工品，如果管理不善，极易发生早爆、盲爆事故，还可能引起其他事故，如引起瓦斯爆炸等。

防范火工品事故的主要措施有：

（1）按《煤矿安全规程》规定选址炸药库，保证库区内外安全距离，建筑结构及各种防护措施要符合国家有关法律法规和标准规定。

（2）火工品保管员、押运员、安全员、爆破工必须经过专门培训考试持证上岗，杜绝无证上岗、替岗。

（3）建立健全火工品各项管理制度。

（4）坚持分装分运，限量搬运、分箱分班上锁保管。

（5）起爆器钥匙由爆破工随身携带，严禁在井下调试起爆器。

（6）采取有效措施预防杂散电流，预防早爆、缓爆、拒爆。

（7）严格执行“一炮三检”制和“三人连锁爆破”制，爆破各工序严格按规程和安全技术措施执行。

（8）严禁边打眼边装药，严禁打眼装药平行作业、交叉作业、混合作业。

（9）严格执行验炮制度。

7. 井下粉尘

井巷工程施工中产生的岩尘、煤尘、水泥粉尘等对人体的危害极大，主要表现在不利于生产、危害人体健康和影响安全等几个方面。煤尘能燃烧或爆炸，从而酿成火灾及人员伤亡事故。粉尘主要来源于煤矿生产中几乎所有的作业环节，如凿岩、爆破、喷浆、出矸等作业。

井下粉尘的主要危害表现为：

（1）对人体健康的危害。长期在粉尘作业环境下工作的职工，有可能患职业病——尘肺病。

（2）职工作业环境空气中浮游的矿尘，恶化了矿工的工作条件，刺激矿工的眼睛和呼吸器官，操作中容易造成人身伤亡事故。

（3）煤尘具有爆炸性。当空气中浮游大量粉尘时，遇火源能引起爆炸。在瓦斯爆炸事故中若掺入煤尘，会使爆炸威力加强，灾害扩大。

主要防尘措施有：

（1）掘进施工时必须采取湿式凿岩、冲洗井壁巷帮、水炮泥、爆破喷雾、装岩洒水、潮拌料喷浆、加强通风、加强个体防护等综合防尘措施。

（2）冻结法凿井和在遇水膨胀的岩层中掘进不能采用湿式钻眼时，可采用干式钻眼，但必须采取捕尘措施，并使用个体防尘保护用品。

（3）凿岩、出渣前，应清洗工作面 10 m 内的岩壁。加强个体防护，加强通风，为井下作业人员提供足够的新鲜空气，把井下有害气体及矿尘稀释到安全浓度以下并排出矿井，保证井下有适宜的气候条件（温度、湿度与风速），以利于工人劳动和机器运转。

8. 火灾

矿井火灾按热源不同分为内因火灾和外因火灾两类。

1）内因火灾——煤自燃

矿井内因火灾是指煤炭在一定条件下，如破裂的煤柱、煤壁、集中堆积的浮煤，又有一定的风量供给，自身发生物理化学变化、吸氧、氧化、发热、热量聚集导致着火而形成的火灾。

内因火灾的防范措施主要有：合理选择技术手段，减少发火隐患，预防煤炭自燃。掌握煤层自然发火预兆，及时进行发火预测预报，把自然发火消灭在“萌芽”阶段。及时对采掘生产过程中遗留下的各种发火隐患进行处理，如加强对废旧巷的处理，及时充填煤巷碹，及时处理高温火点等。

2）外因火灾

外因火灾的形成原因有明火、电火、违章爆破、瓦斯和煤尘爆炸、机械摩擦及碰撞。外因火灾的特点是突然发生、来势迅猛，如果不能及时发现和控制，往往酿成重大事故。

外因火灾的防范措施主要有：

(1) 防止失控的高温热源。

(2) 尽量采用不燃或耐燃材料支护和不燃或难燃制品，同时防止可燃物大量积存。

(3) 合理配备足够的灭火器材，确保完好可靠。

(4) 加强人员防火能力的培训和演练。

四、自救与互救

所谓“自救”，就是矿井发生意外灾变事故时，在灾区或受灾变影响区域的每个工作人员为避灾和保护自己而采取的措施及方法；而“互救”则是在有效自救的前提下为了妥善地救护他人而采取的措施及方法。自救和互救的成效好坏，取决于自救与互救方法的正确与否。

五、入井基本知识

1. 入井前的有关规定

(1) 新进矿山的井下作业职工，接受安全教育、培训时间不得少于72 h。考试合格后，必须在有安全工作经验的职工带领下工作满4个月，然后经考核合格，方可独立工作。

(2) 新进露天煤矿的职工，接受安全教育、培训的时间不得少于40 h，经考核合格后，方可上岗作业。

(3) 对调换工种和采用新工艺作业的人员，必须重新培训，经考核合格后，方可上岗作业。

(4) 所有生产人员，每年接受安全教育、培训的时间不得少于20 h。职工安全教育、培训期间，矿山企业应当支付工资。职工安全教育、培训情况和考核结果，应当记录存案。

(5) 入井人员必须戴安全帽，随身携带自救器和矿灯，严禁携带烟草和点火物品，严禁穿化纤衣服，入井前严禁喝酒。

(6) 必须建立入井检身制度和出入井人员清点制度。

2. 入井前的准备

(1) 参加班前会，明确当班的工作任务及工作质量要求。

(2) 与老工人签订好师徒合同，虚心向老工人学习，掌握生产技能和防灾避灾知识。

3. 入井前的注意事项

(1) 每个人在入井前，一定要吃饱、休息好。要精神饱满、神志清醒，保持体能强健和精力充沛。

(2) 入井前禁止喝酒，否则由于神志不清、精力不集中，在井下行走、乘车、工作时，就容易出差错，甚至酿成事故。

(3) 严禁携带引火物品入井，如香烟、火柴、打火机等。因为在井下吸烟、点火等，能引起矿井火灾和瓦斯、煤尘爆炸事故。

(4) 入井前要穿好工作服、胶靴，脖子上围条毛巾。工作服和鞋袜要穿着整齐利索，袖口扎紧，防止被转动的机器缠绞而发生意外事故；胶靴不能破漏，它可防止煤渣或水进入鞋内，又可防止人体触电；脖子上围条毛巾既可擦汗，又可避免煤渣掉落到衣服里面，在发生爆炸或水灾事故时，若无自救器还可用它沾水捂住口鼻逃生。如果工作地点有淋水或使用湿式打眼和洒水防尘，还应穿好雨衣，防止淋湿着凉及患病。

(5) 每位入井人员必须戴好安全帽和矿灯，并随身携带好自救器，方可入井。因为安全帽是矿工安全的首要保障；矿灯是矿工的眼睛；自救器是矿井发生事故时矿工的救命器。

第五节 法 律 知 识

一、《中华人民共和国劳动法》

《中华人民共和国劳动法》自 1995 年 1 月 1 日起施行。为了保护劳动者的合法权益，调整劳动关系，建立和维护适应社会主义市场经济的劳动制度，促进经济发展和社会进步，根据《宪法》制定该法。在中华人民共和国境内的企业、个体经济组织（以下统称为用人单位）和与之形成劳动关系的劳动者，适用本法。国家机关、事业组织、社会团体和与之建立劳动合同关系的劳动者，依照本法执行。

二、《中华人民共和国矿山安全法》

1992 年 11 月 7 日，第七届全国人民代表大会常务委员会第二十八次会议审议通过了《中华人民共和国矿山安全法》（以下简称《矿山安全法》），自 1993 年 5 月 1 日起施行。2009 年 8 月 27 日第十一届全国人民代表大会常务委员会第十次会议审议修订了《矿山安全法》。《矿山安全法》的立法目的是为了保障矿山生产安全，防止矿山事故，保护矿山职工人身安全，促进采矿业的发展。

三、《中华人民共和国安全生产法》

安全生产事关人民群众生命财产安全、国民经济持续快速健康发展和社会稳定大局。《中华人民共和国安全生产法》（以下简称《安全生产法》）于 2002 年 6 月 29 日第九届全国人民代表大会常务委员会第二十八次会议通过，自 2002 年 11 月 1 日起施行。2014 年 8 月 31 日第十二届全国人民代表大会常务委员会审议修订了《安全生产法》，自 2014 年 12 月 1 日起施行。

根据《安全生产法》第一条的规定，该法的立法目的是，加强安全生产的监管管理，防止和减少生产安全事故，保障人民群众生命和财产安全，促进经济发展。

四、《中华人民共和国劳动合同法》

2007 年 6 月 29 日，第十届全国人民代表大会常务委员会第二十八次会议通过了《中华人民共和国劳动合同法》（以下简称《劳动合同法》），国家主席胡锦涛签署主席令予以公布，自 2008 年 1 月 1 日起施行。2012 年 12 月 28 日，第十一届全国人民代表大会常务委员会第三十次会议审议修订了《劳动合同法》，自 2013 年 7 月 1 日起施行。

五、《中华人民共和国职业病防治法》

2001 年 10 月 27 日，第九届全国人民代表大会常务委员会第二十四次会议审议通过了《中华人民共和国职业病防治法》（以下简称《职业病防治法》），自 2002 年 5 月 1 日起施行。2016 年 7 月 21 日第十一届全国人民代表大会常务委员会第二十四次会议审议修订了《职业病防治法》，自 2016 年 9 月 1 日起施行。

2017 年 11 月 4 日修改，11 月 5 日起施行。该法的立法目的是，为了预防、控制和消除职业病危害，防治职业病，保护劳动者健康及其相关权益，促进经济发展，根据《宪法》，制定该法。该法所称的职业病危害，是指对从事职业活动的劳动者可能导致职业病的各种危害。

第二部分

井筒掘砌工初级技能

第三章　施工前准备

第一节　立井井筒结构

一、立井井筒的种类

立井井筒是矿井通达地面的主要进出口，供矿井生产期间提升煤炭（或矸石）、升降人员、运送材料设备，以及通风和排水。

立井井筒按用途不同可以分为主井、副井、风井 3 种。

1. 主井

专门用作提升煤炭的井筒称为主井。在大、中型矿井中，提升煤炭的容器为箕斗，所以主井又称为箕斗井，其断面布置如图 3－1 所示。

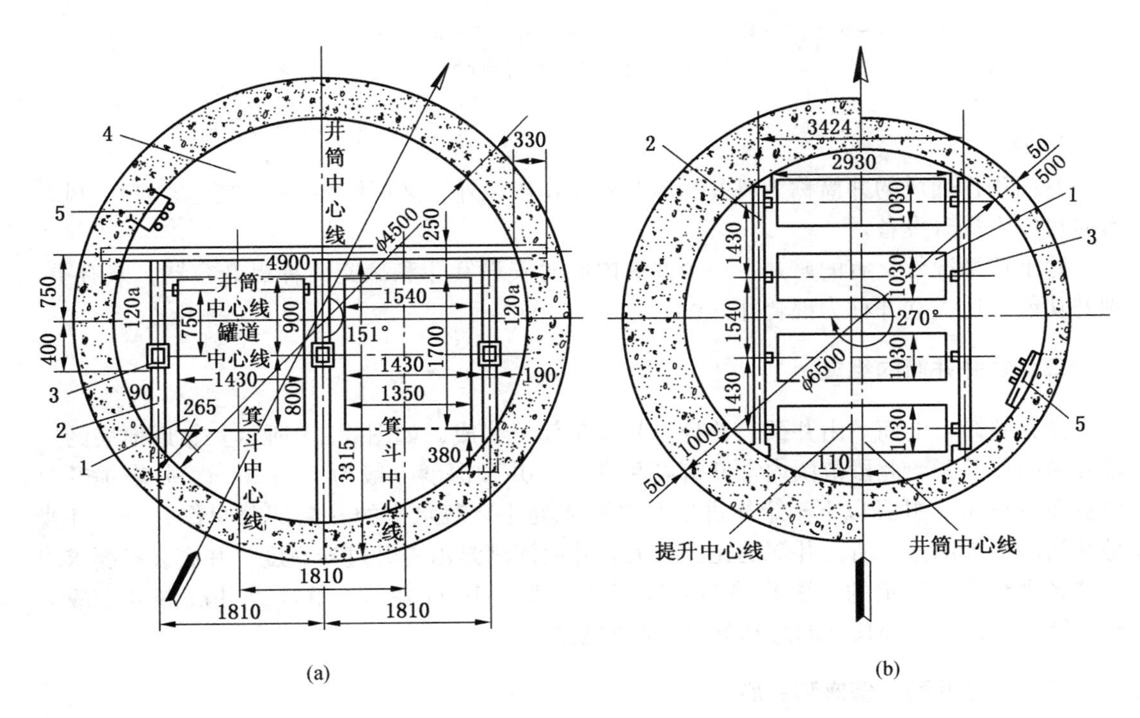

1—箕斗；2—罐梁；3—管道；4—延伸间；5—电缆架

图 3－1　箕斗井断面图

2. 副井

用作升降人员、材料、设备和提升矸石的井筒称为副井。副井的提升容器是罐笼，所以副井又称为罐笼井，副井通常都兼作全矿的进风井，其断面布置如图 3－2 所示。

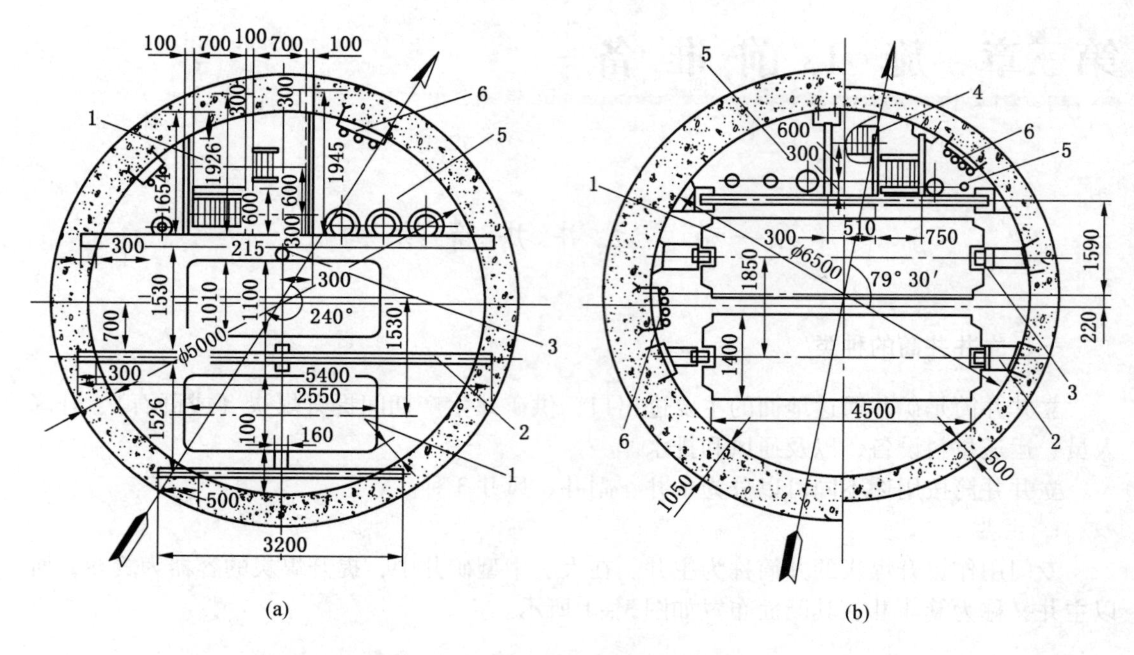

1—罐笼；2—罐梁；3—罐道；4—梯子间；5—管路间；6—电缆架

图 3－2　罐笼井断面图

3. 风井

专门用作通风的井筒称为风井。风井除用作出风外，又可作为矿井的安全出口，风井有时也安设提升设备。

除上述情况外，有的矿井在一个井筒内同时安设箕斗和罐笼两种提升容器，兼有主、副井功能，这类立井称为混合井。

二、立井井筒的组成

立井井筒自上而下由井颈、井身、井底 3 部分组成，如图 3－3 所示。靠近地表的一段井筒叫作井颈，此段范围内常开有各种孔口。井颈深度一般为 15～20 m，井塔提升时可达 20～60 m。井颈以下至罐笼进出车水平或箕斗装载水平的井筒部分叫作井身。井身是井筒的主干部分，所占井深的比例最大。井底深度是由提升过卷高度、井底设备要求以及井底水窝深度决定的。罐笼井的井底深度一般为 10 m 左右；箕斗井井底深度一般为 35～75 m。这 3 部分长度的总和就是井筒的全深。

三、立井井颈、壁座和井底

（一）井颈

井颈如图 3－4 所示。井颈除承受井口附近土层的侧压力及建筑物载荷所引起的侧压力外，有时还作为提升井架或井塔的基础，承受井架或井塔的重量与提升冲击荷载。

1. 井颈的特点

（1）井颈处在松散含水的表土层或破碎风化的岩层内，承受的地压较大。

（2）生产井架或井塔的基础，将其自重及提升载荷传到井颈部分，使井颈壁的厚度增加。

（3）井口附近建筑物的基础，增大了井颈壁承受的侧压力，因此，在井颈壁内往往要增加钢筋。

2. 井颈的结构和类型

井颈部分和井身一样，也要安设罐梁、罐道、梯子间和管缆间等。另外井颈段还要装设防火铁门和承接装置基础，设置安全通道、通风道等孔道。

常用的井颈形式有以下几种：

（1）台阶形井颈（图3－4）。为了支撑固定提升井架的支撑架，锁口的厚度一般为1.0～1.5 m，往下呈台阶式逐渐减薄。图3－4a适用于土层稳定、表土厚度不大的情况。图3－4b适用于岩层风化、破碎及有特殊外加侧向载荷的情况。

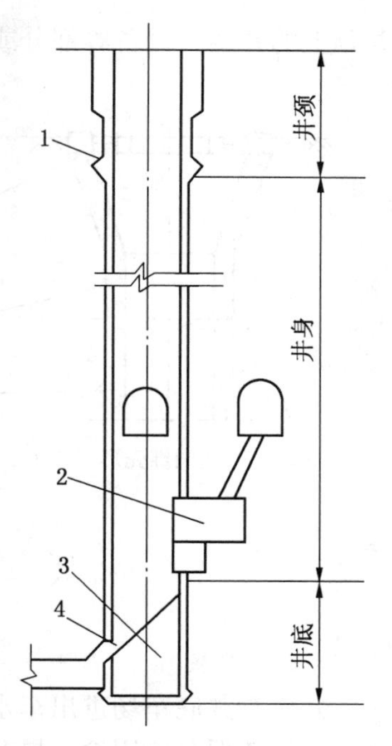

1—壁座；2—箕斗装载硐室；3—水窝；4—井筒接受仓

图3－3 井筒的组成

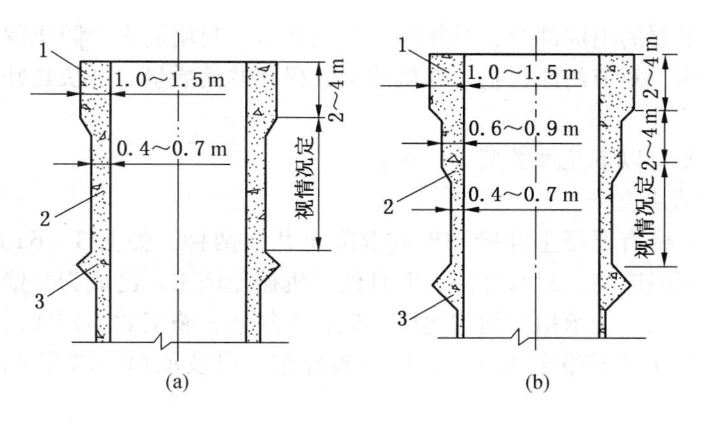

1—锁口；2—井颈壁；3—壁座

图3－4 台阶形井颈

（2）倒锥形井颈（图3－5）。这种井颈可视为由倒锥形的井塔基础与井筒联结组成。倒锥形基础是井塔的基础，又是井颈的上部分，它承担塔身全部结构的所有荷载，并传给井颈。根据井塔的形式倒锥形井颈又分为倒圆锥壳形、倒锥台形、倒圆台形等形式。

（二）壁座

壁座位于立井、斜井的井颈下部，在厚表土下部基岩处、马头门上部和需要延伸的井筒井底等都要设置壁座。壁座是保证其上部井筒稳定的重要组成部分，它可以承托井颈和井颈上的井架、设备等部分或全部重力。

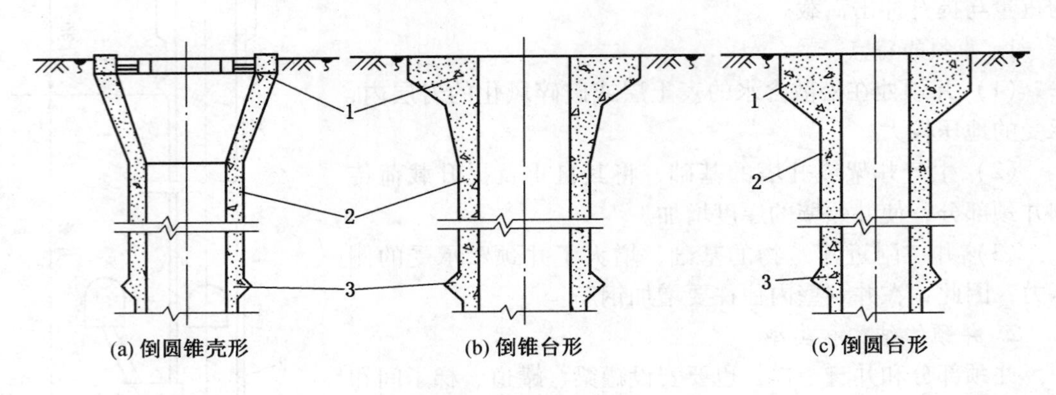

1—锁口；2—井颈壁；3—壁座

图 3-5 倒锥形井颈

（三）井底

井底是井底车场进出车水平（或箕斗装载水平）以下的井筒部分。井筒的布置及深度，主要依据井筒用途、提升系统、提升容器、罐笼层数、进出车方式、井筒淋水量、井筒延伸方式、井底排水及清理方式等因素确定。

四、立井井筒井壁结构

井壁是井筒重要的组成部分，其作用是承受地压、封堵涌水、防止围岩风化等。合理的井壁材料和结构，对节约原材料、降低成本、保证井筒质量、加快建井速度等具有重要意义。

井壁结构主要有以下几种类型。

1. 整体浇筑式井壁

整体浇筑式井壁有混凝土井壁和钢筋混凝土井壁两种，如图 3-6a 所示，混凝土井壁使用期长，抗压强度高，封水性好，而且便于机械化施工，已成为井壁的主要形式。钢筋混凝土井壁强度高，能承担不均匀地压，但施工复杂，施工效率较低，通常只有在特殊地质条件下，如在穿过不稳定表土层、断层破碎带，以及承担井塔荷载的井颈部分时使用。

2. 锚喷井壁

锚喷井壁（图 3-6b）一般在主井、风井中采用。其特点是井壁薄（一般为 50～200 mm）、强度高、黏结力强、抗弯性能好、施工效率高、施工速度快，在淋水不大、岩层比较稳定的条件下可以考虑使用。

3. 其他类型的井壁

其他类型的井壁有砌筑井壁（图 3-6c、图 3-6d）、装配式井壁（图 3-6e、图 3-6f）、复合井壁（图 3-6g、图 3-6h）等，这几种井壁结构在我国现阶段的井筒施工中已经较少使用，主要依据不同的井筒用途、大小、深度、服务年限、机械化要求、岩层地质等情况确定是否使用。

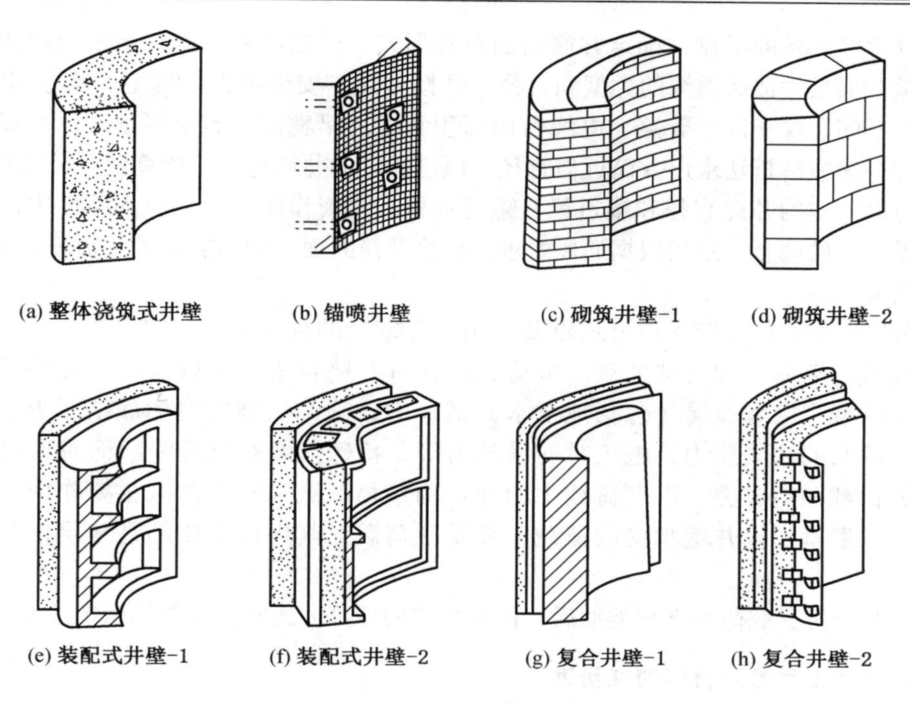

图 3-6　立井井壁结构

第二节　读 图 读 表

一、井筒断面尺寸

我国煤矿立井井筒的断面形状绝大多数是圆形，井筒断面尺寸主要有：井筒净直径、井壁厚度、井筒荒直径，如图 3-7 所示。

井筒净直径，是指设计中由井筒支护材料构成的筒体内圆的直径。图 3-7 中，井筒的净直径为 6 m。

井壁厚度，是指设计中井壁内侧表面至井壁外侧表面（或井壁围岩的表面）的尺寸。图 3-7 中，井筒的井壁厚度为 1 m。

井筒荒直径，是指设计中由井筒支护材料构成的筒体外圆的直径。图 3-7 中，井筒的荒直径为 8 m。

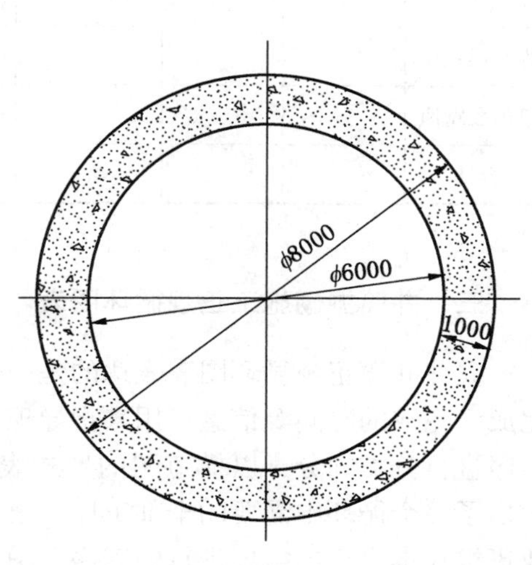

图 3-7　井筒断面尺寸示意图

井筒净直径主要根据提升容器规格和数量、井筒装备的类型和尺寸、井筒布置方式、各种安全间隙，以及井筒的风速校核来确定。设计井筒断面时，首先根据井筒的用途和所采用的提升设备，选择井筒装备的类型，确定井筒断面布置形式。根据经验数据，初步选定罐道梁型号、罐道截面尺寸或罐道绳的类型和直径，并按《煤矿安全规程》规定，确定间隙尺寸。再根据提升间、梯子间、管路、电缆占用面积和罐道梁宽度、罐道厚度，以及规定的间隙，用图解法或解析法求出井筒近似直径。以已确定的井筒直径，验算罐道梁型号及罐道规格，再以确定的井筒直径和罐道梁、罐道规格，重新作图核算，检查断面内的安全间隙，并做必要的调整。最后根据通风要求，核算井筒断面，如不能满足，则按通风要求确定井筒断面。

井壁厚度主要由井筒支护形式以及作用在井壁上的载荷确定。作用在井壁上的荷载分为恒荷载、活荷载和特殊荷载。恒荷载主要有井壁自重，井口构筑物对井壁施加的荷载；活荷载主要有地层（包括地下水）的压力，冻结法施工时的冻结压力、温度应力，壁后注浆的注浆压力，施工时的吊挂力等；特殊荷载有提升绳断绳时通过井架传给井壁的荷载和地震力。以上荷载中的井口构筑物荷载和特殊荷载主要作用在井颈段井壁上。一般基岩段井壁承受的荷载主要是活荷载，其中最主要的是地层作用在井壁上的压力。

确定井壁所受载荷和支护类型后，依据相应的计算公式和经验数据确定井壁厚度。

二、井筒工程量及材料消耗量表

在井筒施工图上一般还列出了井筒工程量及材料消耗量表，井筒工程量的统计一般自上而下分段（如表土、基岩、壁座等）进行。材料消耗量的统计表也是按照分段、分项（钢材、混凝土、锚杆等）规则来列出的，见表3－1。

表3－1　井筒工程量及材料消耗量表

<table>
<tr><td rowspan="3">工程名称</td><td colspan="2">断面/m^2</td><td rowspan="3">长度/m</td><td rowspan="3">掘进体积/m^3</td><td colspan="4">材料消耗/t</td></tr>
<tr><td rowspan="2">净</td><td rowspan="2">掘进</td><td rowspan="2">混凝土/m^3</td><td colspan="3">钢　材</td></tr>
<tr><td>井壁结构</td><td>井筒装备</td><td>合计</td></tr>
<tr><td>冻结段壁座</td><td></td><td></td><td></td><td></td><td></td><td></td><td></td><td></td></tr>
<tr><td>基岩段壁座</td><td></td><td></td><td></td><td></td><td></td><td></td><td></td><td></td></tr>
<tr><td>合计</td><td></td><td></td><td></td><td></td><td></td><td></td><td></td><td></td></tr>
</table>

三、井筒掘砌施工正规循环图表

立井井筒正规循环图表表达的是一个正规的掘砌循环需要哪些工序，分别由哪些班组完成，完成的时间等信息，用来指导现场工作人员按要求时间进行施工。一般按照班次和工序进行分类划分，以横道图的形式表达。以表3－2为例，第二列为工序名称的列表，列出了一个循环中需要的全部工序，第三列是各个工序需要的时间，后边表示的是各个作业班组在本班组内需要进行的工序，图中的横道归属于哪一班组下，说明横道对应的工序归于哪一班组施工，横道长度表示本横道对应的第二列中的工序需要的时间，横道长度与第三列的时间成正比。

表3-2 井筒掘砌施工循环图表

序号	工序名称	工序时间		掘进一班							掘进二班							掘进三班								打灰班				
		h	min	1	2	3	4	5	6	7	8	9	10	11	12	13	14	15	16	17	18	19	20	21	22	23	24	25	26	27
1	交接班		15																											
2	大模内断面掘进1.5 m	7																												
3	开帮掘进至荒径、全断面掘进0.9 m	7																												
4	全断面掘进1.2 m	7																												
5	钉泡沫板扎钢筋	1																												
6	脱、校整体模板		30																											
7	混凝土浇注	2	15																											
8	收尾、清理		15																											

注：1. 本表为三掘一砌的循环图表，循环时间为26 h。

2. 循环进尺3.6 m，正规循环率90%，月进尺90 m。

四、爆破作业图表

爆破作业图表是在正确决定各种爆破参数的基础上，编制出的用于指导和检查钻眼爆破工作的技术文件。爆破作业图表包括3个表1张图，即爆破原始条件表（表3-3）、装药量及起爆顺序表（或爆破参数表，表3-4）、爆破预期效果表（表3-5）和掘进工作面炮眼布置图（图3-8）。

表3-3 爆破原始条件表

序号	名　称	内　容
1	井筒深度/m	
2	掘进直径/m	
3	掘进断面/m²	
4	岩石类型	
5	瓦斯等级	
6	涌水情况	
7	钻眼方式	

表3-3（续）

序号	名　　称	内　　　　容
8	炸药类型	
9	炮眼直径/mm	
10	雷管类型	

表3-4　装药量及起爆顺序表

圈别	眼号	眼数/个	圈径/m	炮眼倾角/(°)	炮眼深度/m		炮眼位置		装药量			装药系数	起爆顺序	连线方式	备注
					每个炮眼	每圈炮眼	眼间距/mm	眼圈距/m	每个药包数/个	炮眼药量/kg	每圈装药量/kg				
1															
2															
3															
4															
5															
6															

表3-5　爆破预期效果表

序号	爆破指标	数量
1	炮眼利用率/%	
2	每循环进尺/m	
3	每循环爆破实体岩石量/m^3	
4	每循环炸药消耗量/kg	
5	单位原岩炸药消耗量/($kg \cdot m^{-3}$)	
6	每米井筒炸药消耗量/($kg \cdot m^{-1}$)	
7	每循环炮眼长度/m	
8	单位原岩炮眼长度/($m \cdot m^{-3}$)	
9	每米井筒炮眼长度/($m \cdot m^{-1}$)	
10	单位原岩雷管消耗量/(个$\cdot m^{-3}$)	
11	每米井筒雷管消耗量/(个$\cdot m^{-1}$)	

注：括号内数值为$f<6$的爆破参数。

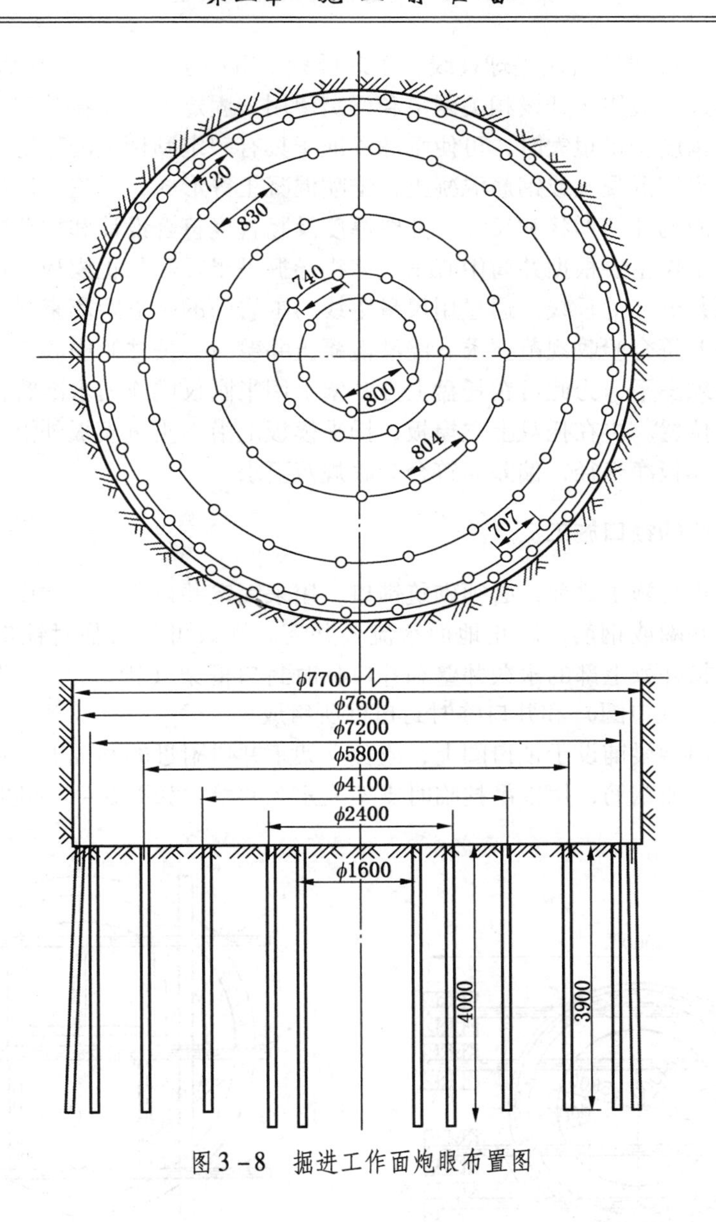

图 3-8 掘进工作面炮眼布置图

第三节 施 工 方 法

一、立井井筒施工测量控制线的使用

确定井筒位置后，无论采用何种方法进行施工，首先必须标定测量控制线。井筒的掘进、砌壁以及安装都应首先认真做好测量工作，保证井筒达到设计要求的质量标准。井筒中心线是控制井筒掘、砌质量的关键，一般应设垂球测量，有时还可以采用激光指向仪投点，即根据井筒的十字线标桩，把井筒中心移设到固定盘（封口盘以下 4 ~ 8 m 处）上方 1 m 处的激光仪架上，并以此中心点安设激光仪。激光仪应定期效验准确性，以便指导施工。

边线（包括中心线）可用垂球挂线，垂球质量不得小于 30 kg（井深大于 200 m），边线可设多根，边线一般用于开设相关硐室和梁窝使用。固定点应设在井盖上，随着井身的延伸，垂球摆动幅度变得很大时，可使垂球浸泡于具有一定黏稠度的稳定液中进行测量。

井筒支护可采用混凝土或钢筋混凝土，锚喷混凝土等形式，无论采用何种形式，都必须保证井筒净断面的几何形状和尺寸、井壁厚度及竖直度符合设计和规范要求，井筒掘进和支护时的测量工作主要根据井筒中心垂线来指导掘进半径和找正模板。掘进时，可以使用靠在上一模老井壁上的垂线，通过用尺量垂线与围岩面的垂直距离来保证掘进半径和井壁厚度，确保偏差符合验收规范要求。浇灌混凝土井壁时，按井筒中心垂线检查模板的安设位置。托盘必须操平，为此可在托盘上方井壁上用半圆仪或连通水准管标出 8 ~ 12 个等高点来找平托盘位置。再在托盘上立模板，操平模板上沿。丈量模板外沿到井筒中心垂线的距离，其值为模板净半径，偏差需符合验收规范要求。

二、立井井筒的锁口施工

在井筒进入正常施工之前，必须砌筑锁口，用来固定井口位置、铺设封口盘、安装井盖门、悬挂临时井圈或钢筋，防止地面水流入井筒。锁口可分为临时锁口和永久锁口两类，永久锁口是指井颈上部的永久井壁和井口临时封口框架（锁口框）；临时锁口由井颈上部的临时井壁（锁口圈）和井口临时封口框所组成。

锁口框一般用钢梁铺设于锁口圈上，或独立架于井口附近的基础上。钢梁上可安设井圈，挂上普通挂钩或钢筋，用以吊挂临时支架或永久井壁，如图 3 - 9 和图 3 - 10 所示。

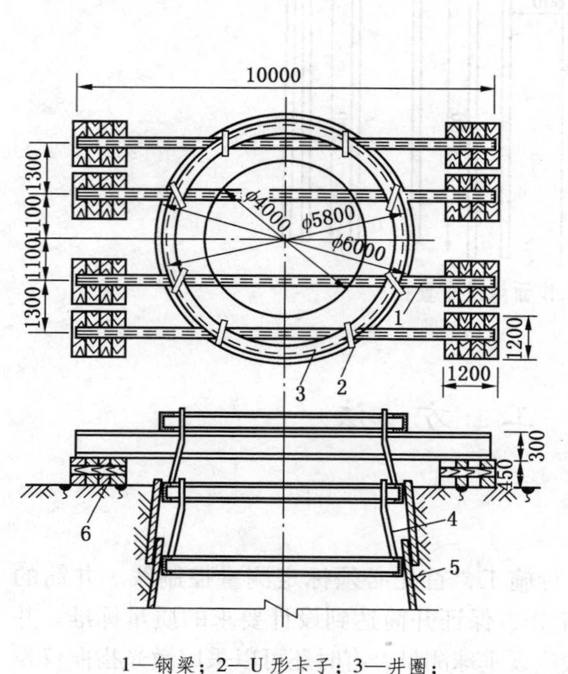

1—钢梁；2—U 形卡子；3—井圈；
4—挂钩；5—背板；6—垫木

图 3 - 9　钢结构简易锁口框

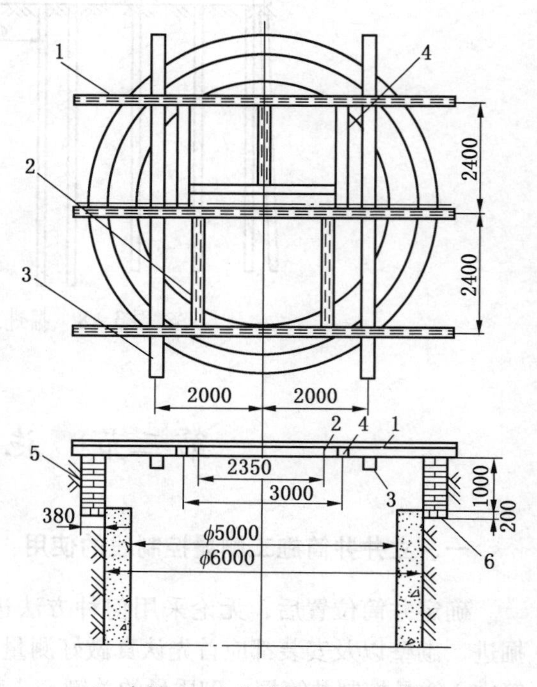

1—主梁；2—1 号副梁；3—2 号副梁；
4—3 号副梁；5—临时井壁；6—灰土基础

图 3 - 10　钢木结构锁口框

施工锁口首先需要把井筒十字中心线标定在封口盘附近，然后据此标定好封口盘设计的梁基础位置，架设钢梁在锁口圈上或井口附近的基础上。一般情况下，锁口梁布置设计在同一水平，保证受力均匀。按施工设计图组装好封口盘上的主梁和副梁，再铺设封口盘上的钢板，并焊接牢固，保证整体性。

锁口施工中应注意以下几点：

(1) 锁口梁的布置应尽量为测量井筒时下放中、边线创造方便条件。

(2) 锁口梁下采用方木铺垫或砖石铺垫时应确保抗压强度。

(3) 临时锁口标高尽量和永久锁口标高一致，或高出原地表，以防洪水进入井内。

(4) 在地质稳定和施工条件允许的情况下，尽量利用永久锁口或永久锁口的一部分代替临时井壁，以减少临时锁口施工和拆除的工程量。

(5) 锁口应尽量避开雨季施工，为阻止井口边缘松土塌陷和防止雨水流入井内，除调整地面标高外，还可砌筑环形挡土墙及排水沟。

三、立井井筒表土施工方法

工程中按稳定性将表土层分成两大类：

(1) 稳定表土层。稳定表土层包括含非饱和水的黏土层、含少量水的砂质黏土层、无水的大孔性土层和含水量不大的砾（卵）石层等，用普通方法施工能够通过的表土层。

(2) 不稳定表土层。不稳定表土层包括含水砂土、淤泥层、含饱和水的黏土、浸水的大孔性土层、膨胀土和华东地区的红色黏土层等。不稳定表土层在井筒掘砌施工中井帮很难维护，用普通方法施工不能通过的表土层，可采用特殊施工法或普通与特殊相结合的综合施工法施工。

（一）立井表土普通施工法

立井表土普通施工法主要采用井圈背板普通施工法、吊挂井壁施工法、吊挂井壁与斜板桩综合施工法和板桩施工法。

1. 井圈背板普通施工法

井圈背板普通施工法采用人工或抓岩机（土硬时可放小炮）出土，下掘一个段高后（空帮距不超过 1.2 m），即用井圈、背板进行临时支护，掘进一长段后（一般不超过 30 m），再由下向上拆除井圈、背板，然后砌筑永久井壁，如图 3-11 所示。如此周而复始，直至基岩。这种方法适用于黏土层和砂质黏土层，土质结构均匀、压缩性低、抗压强度大于 0.25 MPa、孔隙率小、塑性大，且涌水量小于 10 m^3/h 的稳定表土层。

2. 吊挂井壁施工法

吊挂井壁施工法是适用于稳定性较差的土层中的一种短段掘砌施工方法，如图 3-12 所示。为保持土的稳定性，减少土层的裸露时间，段高一般取 0.5～1.5 m。吊挂井壁施工中，因段高小，不必进行临时支护。每段新井壁和老井壁间由钢筋吊挂连接，以防止井壁脱落。

这种施工方法适用于渗透系数大于 5 m/d、流动性小、水压不大于 0.2 MPa 的砂层和涌水量不大于 30 m^3/h 透水性强的卵石层，以及岩石风化带。

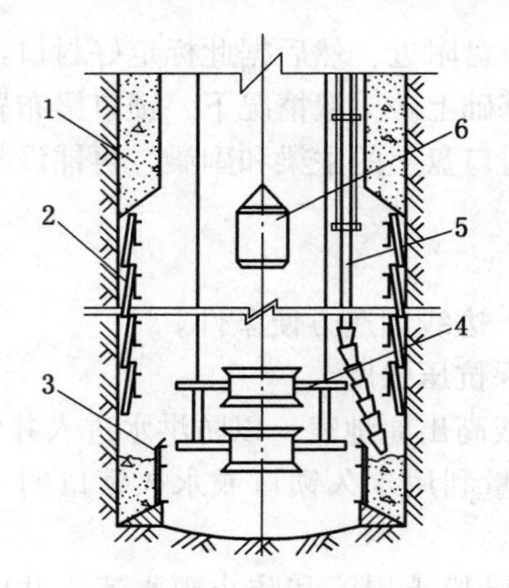

1—井壁；2—井圈背板；3—模板；
4—吊盘；5—混凝土输送管；6—吊桶

图 3－11　井圈背板普通施工法

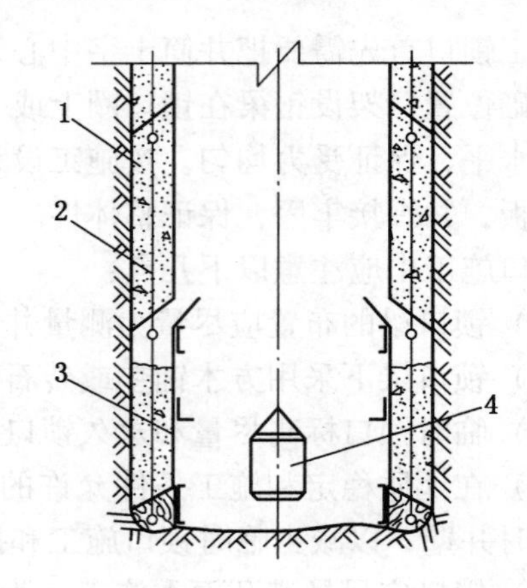

1—井壁；2—吊挂钢筋；3—模板；4—吊桶

图 3－12　吊挂井壁施工法

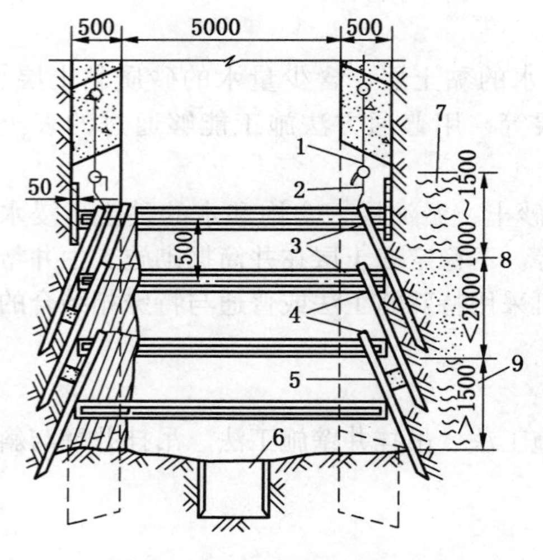

1—预留钢筋钩子；2—挂钩；3—导向圈；
4—斜板桩；5—垫木；6—超前小井；
7—稳定表土；8—流砂；9—稳定表土

图 3－13　吊挂井壁与斜板桩综合施工法

3. 吊挂井壁与斜板桩综合施工法（图 3－13）

这种方法中，吊挂井壁是施工的基本方法，局部遇到流砂或淤泥层时，采用斜板桩法强行通过，必须采用工作面超前小井降低水位法配合施工。

该方法较其他特殊凿井法工作简单、准备期短且施工成本低但板桩接茬不易严密，易产生漏砂、漏泥，板柱回收率低，钢材木材消耗量大。该方法主要适用于稳定表土层。

4. 板桩施工法

板桩施工法适用于厚度不大的不稳定表土层。在开挖之前，可先用人工或打桩机在工作面或地面沿井筒荒径依次打入一圈板桩，形成一个四周密封的圆筒，用以支撑井壁，并在它的保护下进行掘进，图 3－14 为地面直板桩施工法示意图。板桩材料可采用木材和金属材料两种。木板桩多采用坚韧的松木或柞木制成，彼此采用尖形接榫。金属板桩常用 12 号槽钢相互正反扣合相接。打板桩时，应根据板桩打入的难易程度选择单块打入或分组打入。

（二）立井井筒表土特殊施工法

在不稳定表土层中施工立井井筒，必须采取特殊的施工方法，才能顺利通过，如采用冻结法、钻井法、沉井法、注浆法和帷幕法等。我国目前的井筒建设中以采用冻结法和钻井法为主。

1. 冻结法凿井

冻结法凿井就是在井筒掘进之前，在井筒周围钻冻结孔，用人工制冷的方法将井筒周

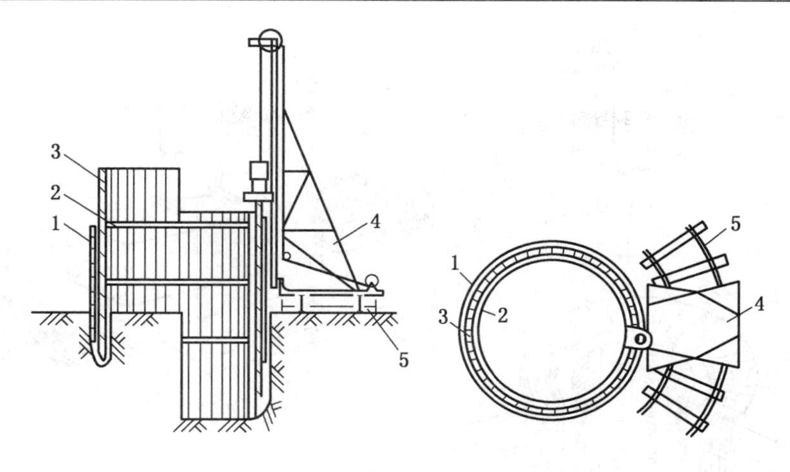

1—外导圈；2—内导圈；3—板桩；4—打桩机；5—轨道

图3－14　地面直板桩施工法

围的不稳定表土层和风化岩层冻结成一个封闭的冻结圈（图3－15），以防止水或流砂涌入井筒并抵抗地压，然后在冻结圈的保护下掘砌井筒。待掘砌到预计的深度后，停止冻结，进行拔管和充填工作。

冻结法凿井的主要工艺过程有冻结孔钻进、井筒冻结和井筒掘砌等。为了形成封闭的冻结圈，就必须在井筒周围按照一定技术要求钻冻结孔，在孔内安设冻结管和供液管。井筒冻结设备分为3个循环系统，分别为氨循环系统、盐水循环系统和冷却水循环系统。冷冻站制出来的低温盐水在冻结管中流动，吸收井筒周围岩土层的热量后，经过循环，返回冻结站盐水箱，冻结站中的盐水被氨循环系统吸取热量，再次制冷。氨循环中，气态氨被压缩机压缩后，变成液态氨，液态氨进入蒸发器中全面蒸发，吸收大量盐水的热量，从而使盐水降温，生成的气态氨重新被送到压缩机进行压缩。冷却水循环系统是用水泵将贮水池或地下水源井中的冷却水压入冷凝器中，吸收了过热氨气的热量后从冷凝器排出，水温升高，气态氨冷凝变成液态氨。

井筒的开挖时间以冻结壁已形成而又尚未冻至井筒范围以内时最为理想。此时，既便于掘进又不会造成涌水冒砂事故。现实中很难保证处于理想状态，往往出现整个井筒被冻实的情况。对于这种冻土挖掘，可采用风镐或钻眼爆破法施工。冻结井壁一般采用钢筋混凝土或混凝土双层井壁。外层井壁随掘随浇筑，内层井壁在通过冻结段后自下向上一次砌筑施工到井口。井筒冻结段双层井壁的优点是内壁无接茬，井壁抗渗性好；内壁在维护冻结期施工，混凝土养护条件较好，有利于保证井壁质量。

2. 钻井法凿井

钻井法凿井利用钻井机（以下简称钻机）将井筒全断面一次钻成，或将井筒分次扩孔钻成。我国目前采用的多为转盘式钻井机，类型有ZZS－1、ND－1、SZ－9/700、AS－9/500、BZ－1和L40/800等。

钻井法凿井的主要工艺过程有井筒钻进、泥浆洗井护壁、下沉预制井壁和壁后注浆固井等。井筒钻进是关键工序。钻进方式多采用分次扩孔钻进，首先用超前钻头一次钻到基岩，而后分次扩孔至基岩或井底。

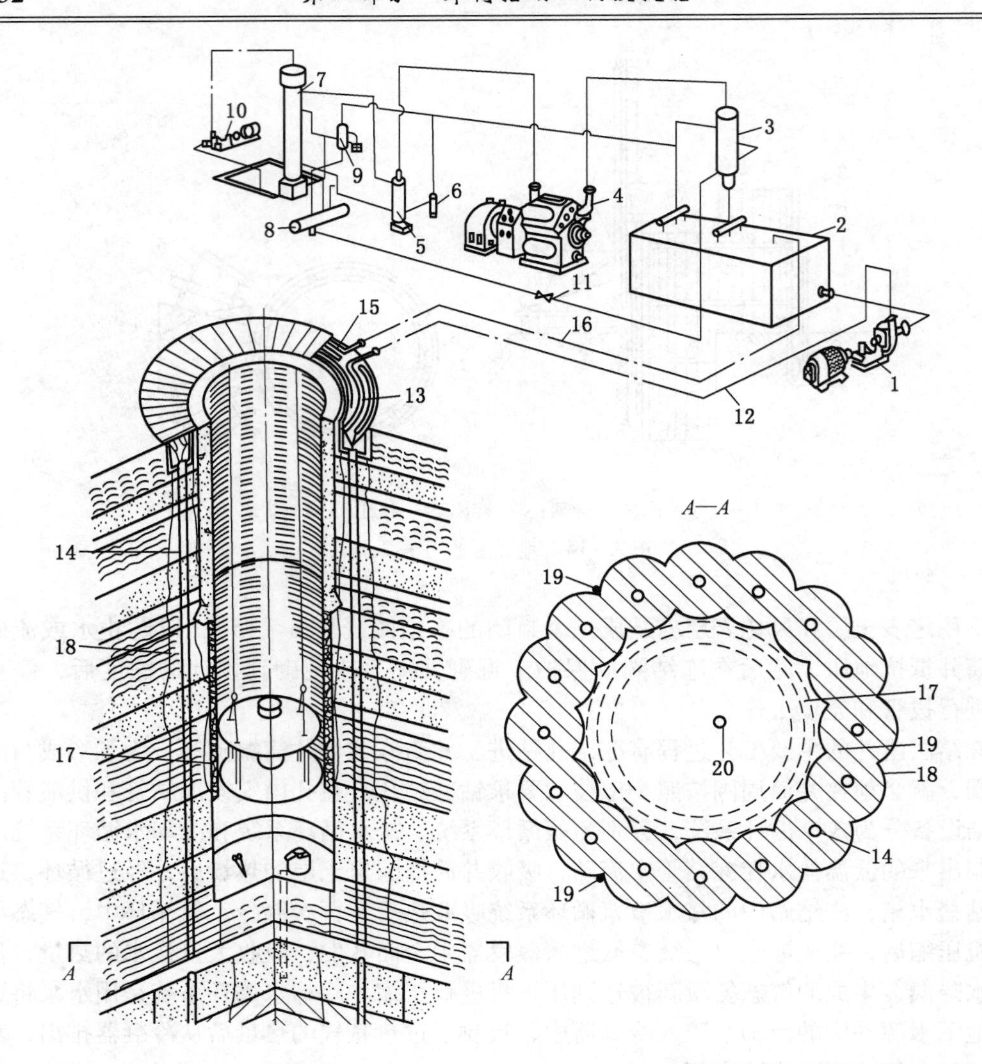

1—盐水泵；2—蒸发器；3—氨液分离器；4—氨压缩机；5—油氨分离器；6—集油器；7—冷凝器；8—储氨器；9—空气分离器；10—冷却水泵；11—节流阀；12—去路盐水干管；13—配液圈；14—冻结器；15—集液圈；16—回路盐水干管；17—井壁；18—冻结壁；19—测温孔；20—水位观测孔

图 3－15 冻结法凿井示意图

钻井机的动力设备多数设置在地面。钻进时由钻台上的转盘带动六方钻杆旋转，进而使钻头旋转，钻头上装有破岩刀具可进行旋转破碎岩石。钻头破碎下来的岩屑必须及时用循环泥浆从工作面清除，使钻头上的刀具始终直接作用在未被破碎的岩石面上，提高钻进效率。泥浆由泥浆池经过进浆地槽流入井内，进行洗井护壁。压气通过中空钻杆中的压气管进入混合器，压气与泥浆混合后在钻杆内外造成压力差，使清洗过工作面的泥浆带动破碎下来的岩屑被吸入钻杆，经钻杆与压气管之间的环状空间排往地面。泥浆沿井筒自上向下流动，洗井后沿钻杆上升到地面，这种洗井方式叫作反循环洗井。泥浆的另一个重要作用，就是护壁。护壁作用，一方面借助泥浆的液柱压力平衡地压；另一方面在井帮上形成泥皮，堵塞裂隙，防止片帮。采用钻井法施工的井筒，其井壁多采用管柱形预制钢筋混凝土井壁，井壁在地面制作。待井筒钻完，提出钻头，用起重大钩将带底的预制井壁悬浮在井内泥浆中，利用其自重和注入井壁内的水重缓慢下沉。同时，在井口不断接长预制管柱井壁。当井壁下沉到距设计深度 1 ~2 m 时，应停止下沉，测量井壁的垂直度并进行调整，然后再下沉到底，并及时进行壁后充填。最后把井壁中的水排净，通过预埋的注浆管进行壁后注浆，以提高壁后充填质量和防止破底时发生涌水冒砂事故。

四、立井井筒基岩施工

立井井筒基岩施工是指在表土层或风化岩层以下的井筒施工，根据井筒所穿过的岩层性质，目前以采用钻眼爆破法施工为主。井筒钻眼爆破法的主要施工工序包括钻眼爆破、抓岩提升、卸矸排矸和砌壁支护等。

1. 钻眼爆破

钻眼是整个钻眼爆破施工中所占工时最长的工序，因此选择合理的凿岩机具对提高施工效率非常关键，现在我国基岩段井筒施工普遍使用伞形钻架进行凿岩施工。手持式凿岩机适用于软岩或中硬岩，眼深 2 m 左右，一般施工迎头配备多台凿岩机同时施工，以加快施工进度。手持式凿岩机打眼速度慢，操作人员劳动强度大，眼孔比较难掌握，适合于井筒断面小于 5 m^2、岩石不很坚硬的浅眼施工。伞形钻架钻眼深度一般为 3 ~4 m，用伞形钻架打眼具有机械化程度高、劳动强度低、凿岩速度快、工作安全的特点，对深孔爆破尤为适用。

爆破工作主要分为装药、连线、爆破、拒爆和残爆处理。装药程序有：清孔、验孔、按要求装药、封孔。连线方法有串联、并联、串并联、并串联，井筒爆破连线一般为串并联。爆破工作必须由专职爆破工完成，爆破工、班组长、瓦斯检查工必须在现场执行“一炮三检”制和“三人连锁爆破”制，最后进行验炮，处理拒爆和残爆，工作过程应严格遵照《煤矿安全规程》进行。

2. 抓岩提升

抓岩提升主要由装岩机械和提升吊桶来完成。目前我国煤矿立井施工主要采用中心回转式抓岩机。中心回转抓岩机是大斗容抓岩机，它直接固定在凿井吊盘上，以压风作为动力，该设备具有使用范围广、适应性强、设备利用率高、动力单一、结构紧凑、占用井筒面积不大、便于井筒布置、安全可靠、操作灵活、维护方便等优点。提升系统包括提升容器（立井建设期间主要为吊桶）、钩头连接装置、提升钢丝绳、天轮、提升机，以及提升所必备的导向稳绳和滑架等。

3. 卸矸排矸

立井掘进时，矸石吊桶提至卸矸台后，通过翻矸装置将矸石卸出，矸石经过溜矸槽或矸石仓卸入运输设备，然后运往排矸场。

4. 砌壁支护

井筒在向下掘进一定深度后，需要进行支护工作，支护主要起支撑地压、固定井筒装备、封堵涌水，以及防止岩石风化破坏等作用。

根据岩层条件、井壁材料、掘砌作业方式，以及施工机械化程度的不同，可先掘进 1 ~2 个循环后，然后在掘进工作面砌筑永久井壁。有时为了减少掘砌工序的转换次数和增强井壁的整体性，往往向下掘进一长段后，再进行砌壁。这样，应在掘进过程中，及时进行临时支护以维护岩帮，确保工作面安全。

立井井筒采用普通法凿井或围岩稳定性较差时，一般采用临时支护。目前井筒施工以采用锚喷临时支护为主。立井锚喷临时支护方式一般采用短段掘喷，即井筒掘出一个小段高后，随即在该段高进行锚喷，每一掘喷循环段一般不超过 2.0 m。锚喷临时支护有喷射砂浆或喷射混凝土、锚杆与喷混凝土、锚喷网等多种形式。

在施工小井和浅井，岩层相对稳定时，可以采用喷射混凝土进行永久支护。在施工井型大、水文地质条件较复杂的井筒时，主要采用现浇混凝土支护。立井锚喷永久支护形式主要有喷射混凝土支护、锚喷支护和锚喷网支护 3 种，它的施工工艺与锚喷临时支护相近，但施工质量要求更为严格，喷层厚度也较大。现浇混凝土支护工艺根据采用的模板形式主要有金属活动模板短段筑壁和液压滑模长段筑壁两种，通过管路或下料吊桶输送混凝土。

第四章 井 筒 掘 进

第一节 掘进工具的使用和维护

一、掘进工具的选择

普通法和冻结法凿井中，立井表土段施工的主要掘进方式为人工使用风镐破碎矸石掘进、挖掘机配合抓岩机装岩、吊桶出矸。风镐是掘进工人最普遍使用的掘进工具。

立井基岩段施工以钻眼爆破法为主，使用的钻眼工具有凿岩机、伞形钻架，施工过程中挖掘机配合抓岩机装岩，吊桶出矸。掘进工人使用的工具以凿岩机或伞形钻架为主，风镐配合为辅。

二、常用工具的使用与维护

（一）风镐

风镐是冻结立井表土段施工最常用的单人操作工具，它以压风为动力源，用压缩空气推动活塞往复运动，使镐头产生冲击力，不断撞击岩面，剥离、破碎矸石，以利于抓岩机或挖掘机采集。常用的型号有 G7、G10、G15 等（图 4－1）。

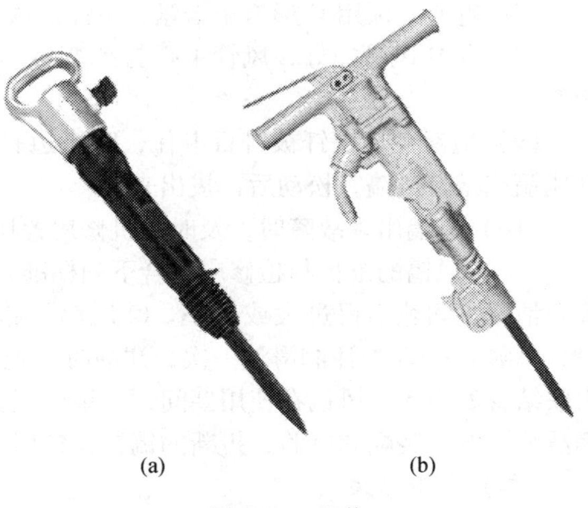
(a) (b)

图 4－1 风镐

1. 主要结构

风镐由配气机构、冲击机构和镐钎等组成。冲击机构是一个厚壁气缸，内有一冲击锤可沿气缸内壁作往复运动。镐钎尾部插入气缸前端，气缸后端装有配气阀箱。

2. 工作原理

气缸壁四周有许多纵向气孔，这些气孔一端通配气阀；另一端通入气缸，各气孔的长度根据冲击锤的运动要求配置，以便轮流进气或排气，使冲击锤在气缸内有规律地往复运动。冲击锤向前运动时，锤头打击钎尾；冲击锤向后运动时，气缸内的气体封闭在配气阀箱内，形成柔性缓冲垫层，待重新配气后再向前冲击。风镐的启动装置位于手柄套筒内。在进风管和配气阀之间有柱塞阀控制气路，柱塞阀在螺旋弹簧作用下处于切断气路的常闭状态。风镐作业时，使镐钎顶住施工面，推压手柄套筒，压缩柱塞阀的弹簧而接通气路，配气阀随即自动配气，使冲击锤不断往复运动，打击钎尾，破碎岩体。

3. 使用方法

使用风镐前，要对风镐注油进行润滑。操作时握住镐柄向凿击方向紧压，使镐钎有力抵住钎套，使镐钎产生冲击力，破碎矸石。使用中应避免镐钎全部插入破碎物体，防止空击，镐钎毛口时，要及时处理，不可使用毛口镐钎作业。

4. 注意事项

（1）风镐操作人员应熟悉作业规程，了解工作面煤层顶板控制的基本常识，掌握风镐的结构、原理和使用方法，经过培训考试合格后，方可上岗操作。

（2）施工前检查胶管接头滤风网和风镐头部的固定钢套内是否清洁。检查风镐钎尾端和钢套是否偏斜，间隙是否合适。先将风镐钎尾擦洗干净，然后插入风镐内，用弹簧固定。

（3）把风管连接到整体模板下刃脚内环形风道的风嘴上，慢慢开启风门向无人处吹风，排除风管内杂物，再接上风镐，拧紧接头。风镐使用前和使用中要抹油。

（4）水平支帮或向上支顶时，握风镐体的手臂应靠近身体以增加力量。

（5）向下掘进冻土时，风镐尖长度一般为350～500 mm，应采取分层操作，每300～450 mm为一层。掘进未冻土时，宜用扁铲。

（6）镐钎毛口时，要及时处理，不可使用毛口镐钎作业。

（7）操作时应站稳，随时注意风镐顶部弹簧、滤风网、横销及接头的状态，防止脱落。高压直通必须用U形卡子卡紧，不能用铁丝代替U形卡子。

（8）保持风管完好，风管不得打死弯，不得相互咬在一起，使用时必须放直或形成慢弯。

（9）应避免风镐钎被岩石卡住，防止边打边撬的情况。风镐尖被卡住时，可往复摇动风镐或敲打风镐，松动后再拔出来。

（10）风镐出现故障时，及时送机修房置换或修理，不得在工作地点任意拆卸。

（11）风镐的维护与检修应符合下列标准：①工作前应检查镐钎尾部及其与缸套固定配合情况，间隙不得过大或过小。②风镐管路的风压应经常保持为0.5 MPa，正常工作时，每隔2～3 h加注润滑油一次；注油时，先卸掉风管接头，倾斜放置气镐，按压镐柄，由联结管处注入；风镐在使用期间，每星期至少拆卸2次，用清洁柴油洗净吹干，并涂以润滑油，然后装配和试验；折断的镐钎，钎尾一段要回收利用，及时打磨钎口。

（二）伞形钻架

伞形钻架是由钻架和重型高频凿岩机组成的风液联动导轨式凿岩机具。由于它具有结构紧凑、机动灵活、钻眼速度快的优点，目前已成为我国立井中深孔爆破的主要钻眼设备。引进的有日本的古河四臂、六臂和德国的六臂、九臂等机型，我国自行研制并应用较多的为FJD系列，其动力有风动和液压两种，其中以FJD－6型应用较多，该系列的结构如图4－2所示。

1. 主要结构和工作原理

伞形钻架由中央立柱、支撑臂、动臂、推进器、操纵阀、液压与风动系统等组成。打眼前，用提升机将伞钻从地面垂直吊放于工作面中心的钻座上，并用钢丝绳悬挂在吊盘上的气动机上，然后接上风、水管，开动油泵马达，操纵调高器，操平伞钻。支撑臂靠升降

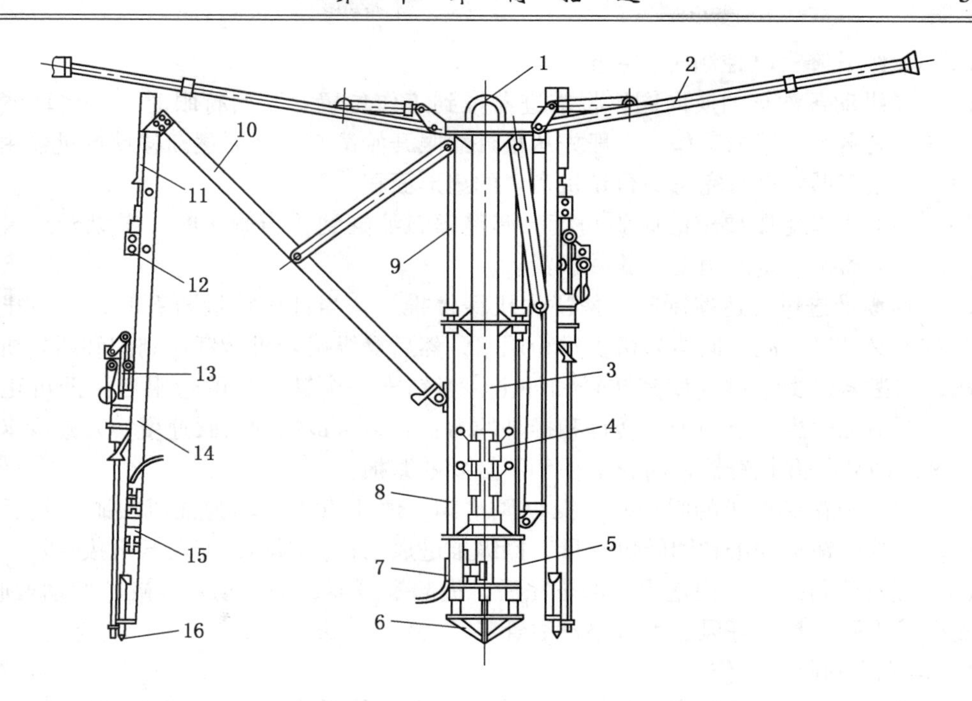

1—吊环；2—支撑臂；3—中央立柱；4—液压阀；5—调高器；6—底座；
7—风马达及油缸；8—滑道；9—动臂油缸；10—动臂；11—升降油缸；
12—推进风马达；13—凿岩机；14—滑轨；15—操作阀组；16—活顶尖

图 4-2 FJD 系列伞形钻架的结构

油缸由垂直位置提高到水平向上呈 10°~15°位置时，再由支撑油缸驱动支撑臂将伞钻撑紧于井壁上，即可开始打眼。

2. 伞形钻架的操作使用

1）凿岩前的准备工作

（1）检查钻架是否符合下井要求，特别是悬吊机构是否正常，风、水管路及油管捆扎是否牢靠，机器外形是否符合要求。

（2）利用移位装置将钻架移到井盖门上方，再转挂到提升机吊钩上，并再次检查是否符合下井要求。

（3）打开井盖门，下放钻架，当钻架通过吊盘喇叭口时，吊盘上的信号工协助通过喇叭口。

（4）钻架下放到位后，用悬吊绳把钻架从提升机吊钩上转移过来，然后下放工作人员和工具等。

（5）将各操纵阀置于关闭位置，接好总进气管和总进水管，并送气、送水。

（6）开动油缸风马达，操纵调高油缸，将钻架的钻座中心孔套在定位杆上，要求钻架底座坐实，而又保持钻机的垂直状态。

（8）适当调整钻架 3 个支撑臂的方向，使支撑臂处于工作位置，撑实、撑牢。

（9）检查钻架，确认正常后，为每台钻机装上钎杆。

2）凿岩操作步骤

（1）操纵升降气缸控制阀，将推进器提起。

（2）操纵动臂油缸的换向阀，将推进器推到工作位置。开始打眼时，六组动臂的凿岩机在各自的扇形区域内工作，一般先从最外圈眼开始凿起，然后逐渐移动推进器由外向井筒中心呈之字形轨迹打完每一台钻机负责的扇形面积。

（3）凿眼时按炮眼要求的倾斜角度，调整倾斜油缸到适当倾角时，操纵升降气缸控制阀，使推进器按一定的角度下放并顶紧。

（4）操纵推进风马达控制阀，使凿岩机缓慢推进。当钎杆接近岩石时，为防止岩粉飞扬，首先操纵风水阀，向凿岩机供排粉用水，然后操纵凿岩机转钎控制阀和凿岩机冲击控制阀，向凿岩机少量供气使其转钎和冲击，当钻出一个钎头深的炮眼后，即可正常凿眼，按岩石情况适当调节冲击、转钎和推进的力量，以求最快的凿眼速度，并减少卡钎故障等。凿眼时要打开托钎器，防止卡住和不必要的磨损。

（5）当钻机凿到要求的眼深时，操纵风水阀，停止供水，转为强风吹眼，然后关闭风水阀，并减少钻机冲击和回转供气量，操纵推进风马达控制阀，使凿岩机拔钎。

（6）当动臂将工作区内炮眼全部凿完后，提起推进器，操纵动臂油缸，使动臂收回，再将支撑臂收回，整理好风、水管路及油管。

3）凿岩后的收尾工作

（1）炮眼打完后，先将各动臂收拢挂在挂钩上，然后将支撑臂油缸收回，再将调高油缸收回，换至提升钩头上，防止钻架偏斜，最后收拢支撑臂并捆好。

（2）通知绞车司机、信号工、看盘口人员做好伞钻上井的准备，伞钻在工作面稍稍提起后停下检查井筒内有无障碍物，以及吊挂是否牢固可靠。开始上提速度为0.1 m/s，过盘后要平稳提升。

（3）伞钻升井前应将钎子全部取下，内水管路用麻绳捆好，升井后，由提升钩头转挂在井口棚内工字钢行车上移至井口棚一侧安放。

3. 注意事项

（1）伞钻下井前必须认真全面检查方可入井。上、下伞钻时，应统一指挥，信号工要目接目送，井盖门周围要清扫干净，升降伞钻的运行速度要平稳，封口盘、固定盘、吊盘必须有专人监护。非伞钻操作工，严禁乱动机械设备，连接风、水管路一定要牢固，并用铁丝连接上、下端。

（2）支撑臂固定位置应避开吊桶运行位置，操作调离油缸时注意观察支撑臂受力情况，防止受力变形过大而折断。固定钻架时需使伞钻中央立柱尽量垂直于工作面，以减少炮眼倾斜，3 个支撑臂必须牢固地撑在井帮上。

（3）伞钻打眼时，悬吊钩头一定要钩住伞钻吊环，悬吊钩头应稍松一点，以防止支撑臂变形及油管爆裂。伞钻动臂稳定新眼位后，下放推进器时速度不要太快，找正新眼位时将风把手放在正常给风位置，使顶头顶紧工作面避免错位。

（4）操作工操作各支臂时，要准确判断支臂伸缩情况，以免碰伤自己和他人。风、水压力应为 500 ~ 700 kPa，展开动臂时应小心，防止碰坏风、水管路及油管。

（5）伞钻打眼过程中必须定人、定机、定区域，严格按爆破图表施工。

（6）开眼时，小风量开动回转马达及凿岩机，冲击部分不可开动太猛太快，以免眼位偏斜。当定好眼位钻入岩石后再加大风门。一般回转部分手柄推至最大给风位，冲击部分根据岩石软硬程度随时间调整压力。

（7）打眼过程中，驱动油泵马达时应先关闭动臂动作，再开动驱动油泵马达以避免其因溢流动作频繁而失效。

（8）打眼时应注意防止挤伤手指，开眼前先开排风阀，直到炮眼打完，钎杆拔出后才能关闭排风阀。

（9）打眼过程中随时注意岩石的变化及排粉屑情况，根据钎子转动速度和凿岩机上、下跳动情况判断打眼是否正常。

（10）冲击部分要尽量减少空打现象，以免损伤机件。

（11）拔钎时应关闭冲击部分，回转部分要适当控制转速防止钎杆甩动过大。

（12）每次升井后，检修人员应对机体各部件进行全面检修。

（13）拆装凿岩机时，严禁用铁锤敲打；拆装马达、油泵的各种阀门时，应用干净布将油管包好，防止灰尘进入管道。

（14）经常检查提升钩头环，观察有无变形、裂纹等损坏现象；查看悬吊伞钻的钢丝绳有无断丝和松开现象。

（15）检查油箱油位，并定期向注油点注油，每次检修要认真填写检修记录。

（三）气腿式凿岩机

在实际井筒基岩段伞钻钻眼爆破施工中，会出现少数全断面爆破不完全、拒爆或破碎的岩石体积过大，不便于吊桶装岩等情况，常用凿岩机进行钻眼装药爆破。较常用的凿岩机是气腿式凿岩机，其主要机型有7665MZ、ZY24M、YT28、YT29。

1. 主要结构

气腿式凿岩机主要由冲击及配气机构、转钎机构、排粉机构、推进机构（单级或双级气缸）、操纵机构、润滑机构组成。风动凿岩机对钎子的冲击都是由活塞在气缸中做往复运动产生的，主要是配气装置的作用。冲击配气机构由活塞、气缸、导向套及配气装置（包括配气阀、阀套、阀柜）组成。

2. 注意事项

（1）新机使用前，必须拆卸清洗内部零件，除去零件表面的防锈油质。重新装配件时，各零部件配合面必须涂润滑油，两个长螺栓螺母应均匀拧紧；整机装配好后插入钎杆，用于单向转动应无卡阻现象，并应空车轻运转或在低气压（0.3 MPa）下运转5 min左右，检查运转是否正常，同时检查各操作手柄和接头是否灵活可靠，避免机件松脱伤人。

（2）开机前接装气、水管，吹净管内和接头处的脏物异物，以免进入机体内，使零件磨损或水路堵塞。

（3）开机之前注油器要装足润滑油，并调好出油量。耗油量控制在2.5～3 mL/min为宜，即在正常润滑条件下，每隔1 h加一次油，油量过大或过小都对机器不利，禁止无油作业。出油量由注油器上的油阀调节，油阀逆时针旋转时油量增大，顺时针旋转时油量减小直至关闭油路。机器停止运转时，应关闭注油器以防止润滑。

（4）机器开动时应轻运转开动，在气腿推力逐渐加大的同时逐渐全运转凿岩。不得在气腿推力最大时骤然全运转，禁止长时间空车全运转，以免零件擦伤和损坏。

（5）垂直向上凿孔时，必须注意安全。开眼时，让钎具稍许前倾。开眼后，让主机与气腿靠到位，使整机直线钻进。在上山和下山巷道，应利用巷道坡度，钻出与顶板垂直的岩孔。

(6) 机器用后应先卸掉水管进行轻运转，以吹净机体内残余水滴，防止内部零件锈蚀。

(7) 双级气腿，勤加维护。凿岩时要防止岩石擦伤中筒，每班凿岩完毕，要用水冲洗掉中筒和活塞杆表面的黏附异物，涂刷润滑油，并用手操作使其伸缩自如。

(8) 经常拆装的机器，在正常凿岩过程中，两个长螺栓螺母易松动，应注意及时拧紧，以免损坏内部零件。气腿与主机铰接处，大螺母必须拧紧；小螺母是用来调节铰接松紧程度的，切勿拧得太紧。

(9) 已经用过的机器，如果长期存放，应拆卸清洗，涂油封存。

第二节 爆破基础知识和技能

一、装药

(一) 安全装药条件

(1) 装药前应检查瓦斯，装药地点附近 20 m 以内风流中瓦斯浓度达到 1% 时禁止装药。

(2) 炮眼内发现异常，如有瓦斯异常涌出、温度骤高骤低及突水危险时严禁装药。

(3) 风筒末端距掘进工作面距离不得超过作业规程规定。

(4) 炮眼内煤、岩粉应清除干净，否则不得装药。

(5) 炮眼深度和最小抵抗线不得小于《煤矿安全规程》规定。

(6) 发现炮眼缩小、坍塌或有裂缝时不得装药。

(7) 不得边打眼，边装药。

(8) 黏土炮泥和水炮泥必须满足质量和数量要求。

(9) 发现拒爆未处理时严禁装药。

(10) 装药工作必须由经过培训合格的爆破工完成。

(二) 装药方法和步骤

(1) 清孔。装药前，首先清除炮眼内的煤、岩粉和积水，以防煤、岩粉堵塞，使药卷无法密接或装不到底。使用吹眼器时，应避免从炮眼中飞出的岩粉、岩块等杂物伤人。

(2) 验孔。炮眼清理后，再用炮棍检查炮眼深度、角度、方向和炮眼内部情况。发现炮眼不符合装药要求的，及时处理。

(3) 装药方法。验孔以后，爆破工必须按照作业规程、爆破作业图表规定的各号炮眼装药量、起爆方式进行装药。各个炮眼的电雷管段号要与爆破作业图表规定的起爆顺序相符合。

在浅眼爆破施工中，过去常用蜡纸包药卷和纸壳雷管，并外套防水袋逐卷装填，它对有水的深孔爆破，装药费时，防水性差。目前施工中一般采用将药卷两端各套一个乳胶防水套，并装在长塑料防水袋中，一次可填装 4 m 左右的深眼，这种方法装填迅速、质量可靠；也有采用薄壁塑料管，装入炸药和雷管，做成爆炸缆，一次装入炮眼中，这种方式操作简单，可在现场临时加工，防水性能好。

装药方法可以分为正向装药和反向装药两类，正向装药的起爆药最后装入，起爆药卷和所有药卷的聚能穴朝向眼底；反向装药先装起爆药卷，起爆药卷和所有药卷的聚能穴朝向眼外。

装药后，必须把电雷管脚线末端扭结成短路并悬空，严禁电雷管脚线、爆破母线与导电体相接触。

（4）封孔。装填炮泥时，要一只手拉住雷管脚线，使脚线紧贴炮眼侧壁，但不要拉得过紧，防止拉坏脚线和管口；另一只手装填炮泥，最初填塞的炮泥应轻捣压实，以后各段炮泥依次捣实。填装水炮泥时，紧靠药卷处应先填装 0.03 ~ 0.04 m 的黏土炮泥，然后再装水炮泥，水炮泥外边剩余部分，用黏土炮泥封实。填装炮泥时应注意不要将水炮泥捣破，还要注意雷管脚线应紧靠炮眼内壁，避免脚线被炮棍捣破。炮眼封泥的长度，必须符合《煤矿安全规程》规定。

二、连线

（一）连线的要求和方法

连线工作，应严格按照爆破作业图表规定的连线方式操作，将电雷管脚线与脚线、脚线与连接线、脚线（连接线）与爆破母线连好接通，以保证爆破质量，节约爆破作业时间，消除事故隐患。连线要求如下：

（1）连线前，必须认真检查爆破工作面的瓦斯浓度、帮部情况，确认安全后进行连线。

（2）脚线的连接工作可由经过专门训练的人员协助爆破工进行。爆破母线连接脚线，检查线路和通电工作，只准爆破工一人操作。

（3）连线时，其他与连线无关的人员应撤离爆破点；连线人员应先把手洗净擦干，避免手上泥灰沾在接头上，增加接头电阻或影响接头导通；然后把电雷管脚线解开，用砂布等将接头裸露处的氧化层和污垢除净，按一定顺序从一端开始向另一端进行脚线间扭结连接。如果脚线长度不够，可用规格相同的脚线做连接线，连接接头采用对头连接，不采用顺向连接，如图 4－3 所示。

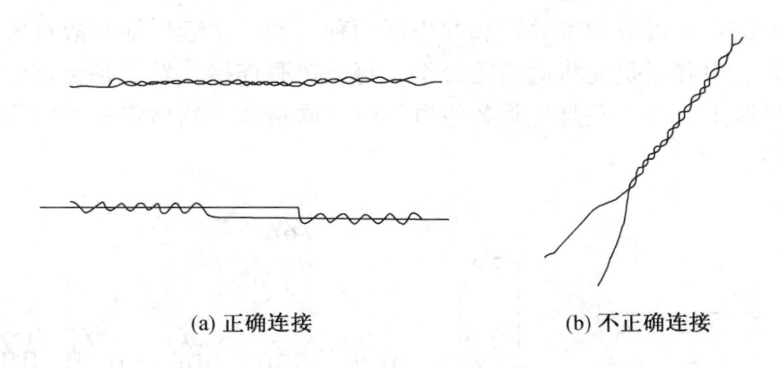

图 4－3　脚线、连接线、断线间的接头

脚线之间、脚线与连接线之间的接头必须扭紧牢固，不得虚接，并要悬空；不得与任何物体相接触；接头处用绝缘胶布包好，不得留有须头。

当炮眼内的脚线长度不够需要接长脚线时，两根脚线的接头位置必须错开，并用绝缘胶布包好，防止脚线短路和漏电。

（4）电雷管脚线之间连线工作完成后，应认真检查有无错连、漏连，各个接头是否独立悬空，确认连线正确，再与连接线连接。

（5）待爆破工作面人员全部撤离，并验明母线无电流后，再与母线和连接线连接。

（6）连接线与爆破母线的正确及错误连接方法，如图4－4所示。

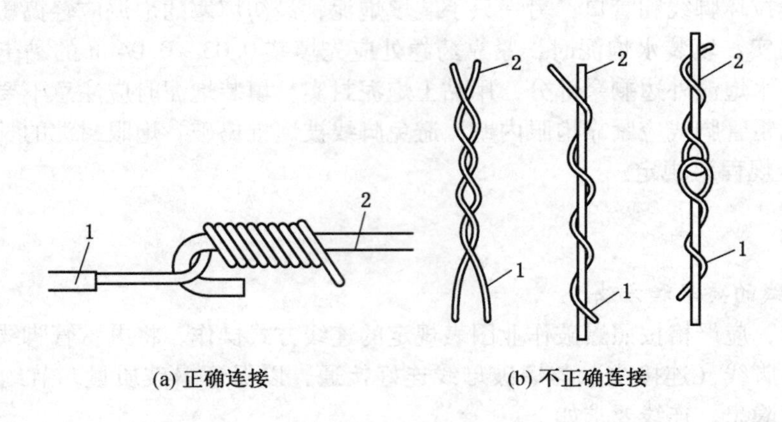

1—脚线；2—母线

图4－4　连接线或脚线与母线的连线

（7）严禁用发爆器检查母线是否导通，这样易产生火花而引爆瓦斯或煤尘。

（二）连线方式

煤矿井下爆破的连线方式必须按爆破作业图表的要求进行，不得随意选用其他方式。常用的连线方式有3类：串联、并联、混联，如图4－5所示。串联是依次将两个电雷管的脚线各一根相互连接（手拉手）。然后将两端剩余两根脚线与爆破母线连接，再将母线连接到电源上的连线方式。并联是将所有的电雷管的两根脚线分别接到爆破网络的两根母线上，通过母线与电源连接的连接方式，并联可进一步分为分段并联和并簇联两种。混联是串联和并联的结合，可分为串并联和并串联两种。当一次起爆炮眼数目较多时，可采用串并联或并串联。串并联是先将电雷管分组，每组串联连接，然后各组剩余的两根脚线都分别接到爆破母线上。并串联是先将各组电雷管并联接线，然后将各组串联起来，这种方式现已很少使用。

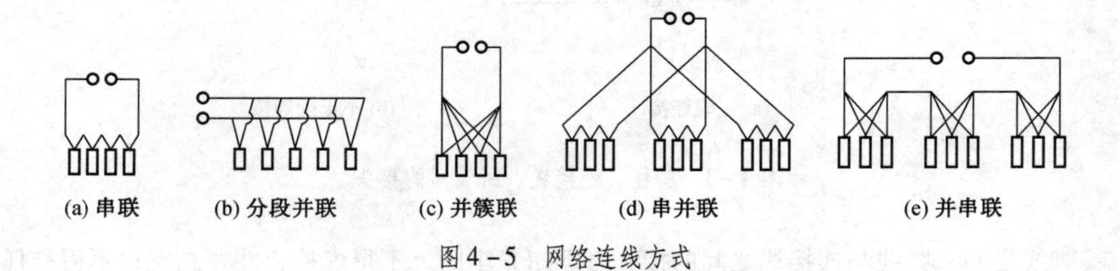

图4－5　网络连线方式

由于井筒断面较大，炮眼多，工作条件较差，为防止因个别炮眼连线有误而酿成全网络拒爆，一般不用串联，现在我国立井施工以并联或串并联网络较多。

三、爆破

爆破前，吊盘升高至安全高度（爆破时，吊盘提起距工作面不得小于30 m）井筒内机械设备、管路、工具等物品全部提升到吊盘处，井内所有电气设备全部断电，检查工作面以上20 m范围内瓦斯浓度，符合要求（瓦斯浓度低于1.0%）后，爆破工拧紧爆破母线盒连接线。装药期间必须用气喇叭进行信号联系。母线与脚线连接完成后爆破工与吊盘信号工最后一同升井。爆破母线通过防爆接线盒与地面电源连接，地面电源采用专用配电箱设在距离井口20 m之外集控室内，配电箱及防爆接线盒上锁，钥匙由爆破工负责管理，爆破时打开，爆破后断开电源并及时封闭上锁。配电箱钥匙，由专职爆破工随身携带，严禁转交他人，不到爆破通电时，不得打开。爆破工升井后将吊桶提起，井盖门开启，待全部人员撤至井口以外安全地点，班长再次清点人数无误后，安排专人在井口20 m范围设置警戒严禁任何人员进入，确认符合爆破条件时，即下达爆破命令，爆破工接到起爆命令后，必须先发出爆破警号，至少再等5 s，方可起爆由专职爆破工爆破。

爆破后，局部通风机向工作面通风吹散炮烟和有害气体，通风时间不少于作业规程要求的时间，然后方可进行验炮。首先进行封口盘检查工作，然后爆破工会同班长、瓦斯检查工一同下井，进行工作面以上20 m范围内的瓦斯检测及对未爆或拒爆材料的收集等工作。最后，检查井筒内机械设备、管路、吊盘、风筒等设施的完好情况。乘坐吊桶检查工作面时，吊桶不得蹲撞工作面。

如出现拒爆情况时，专职爆破工先取下钥匙，并将爆破母线从电源上摘下，扭结成短路，再等一定时间（使用瞬发电雷管时，至少等5 min；使用延期电雷管时，至少等15 min），才可沿线路检查，找出拒爆原因。

处理拒爆、残爆时，必须在班组长指导下进行，并应在当班处理完毕。如果当班未能处理完毕，当班爆破工必须在现场向下一班爆破工交接清楚。

处理拒爆时，必须遵守下列规定：

（1）由于连线不良造成的拒爆，可重新连线起爆。

（2）在距拒爆炮眼0.3 m以外另打与拒爆炮眼平行的新炮眼，重新装药起爆。

（3）严禁用镐刨或从炮眼中取出原放置的起爆药卷或从起爆药卷中拉出电雷管。不论有无残余炸药严禁将炮眼残底继续加深；严禁用打眼的方法往外掏药；严禁用压风吹拒爆（残爆）炮眼。

（4）处理拒爆的炮眼爆炸后，爆破工必须详细检查炸落的煤、矸，收集未爆的电雷管。

（5）在拒爆处理完毕以前，严禁在该地点进行与处理拒爆无关的工作。

四、光面爆破

光面爆破曾称为修边爆破，轮廓爆破或密眼小炮爆破，它是指通过合理选择爆破参数，科学布置各类炮眼，并按一定顺序起爆，使爆破后岩体轮廓面成形规整，围岩稳定，无明显炮震裂缝的控制爆破。

应用光面爆破可使掘出的井筒轮廓基本符合设计要求，表面光滑规整，便于进行锚喷支护；由于岩帮基本不被破坏，故裂隙少，稳定性高，有利于减少井壁渗水；减少超挖和欠挖现象，保证井壁厚度，减少施工材料的浪费。

光面爆破一般要求岩帮上留下的半圆形炮眼残痕占周边眼数的50%；井筒超挖不得超过150 mm，欠挖不得大于30 mm。

采用光面爆破施工井筒时，必须首先科学设计爆破图表，施工中严格控制炮眼深度、炮眼位置、装药量、炮眼直径。只有严格按照设计好的爆破图表进行施工，才能实现光面爆破。

要使光面爆破取得良好效果，一般需注意以下技术要点：

(1) 根据围岩特点，合理选定周边眼的间距和最小抵抗线，尽最大努力提高钻眼质量，周边眼的眼距应控制在0.4～0.6 m。

(2) 严格控制周边眼的装药量，根据岩石单轴抗压强度合理选择装药量，尽可能将药量沿眼长均匀分布。

(3) 周边眼应采用小炮眼、小药卷、药卷直径宜小于35 mm，炮眼直径宜比药卷直径大5～10 mm。

(4) 井筒掘进时，应监测井筒内的杂散电流。当杂散电流强度超过30 mA时，应采取下列措施：

①检查电气设备的接地质量。

②爆破导线不得有破损、裸露接头。

③采用抗杂散电流的雷管。

第三节　出矸设备相关知识

一、挖掘机

目前冻结井筒表土段施工普遍采用风镐掘进施工方法，即人工操作风镐破土、抓岩机配合挖掘机抓土装罐。这种方法较大程度上实现了装岩机械化，减轻了掘进工的劳动强度。

1. 主要结构

井下用小型液压挖掘机（防爆电机型）由动力装置、传动系统、操纵机构、回转机构、工作装置、行走机构和辅助设备等几部分组成，其中动力装置、传动系统的主要部分、操纵机构、回转机构、辅助设备和驾驶室等都安装在可回转的平台上，总称为上车部分，它与行走机构（又称为下车部分）用回转支撑相连，平台可以围绕中央回转轴作360°回转，外形如图4－6所示。立井迎头使用小型液压挖掘机通常选用整体鹅颈式动臂反铲装置，它的主要运动如整机行走、转台回转、动臂升降、斗杆收放、铲斗转动等都靠液压传动，把电动机的机械能以油液为介质，利用油泵转变为液压能，传送给油缸、油马达等转变为机械能，再传动各执行机构，实现各种运动和工作过程。

2. 工作原理

液压挖掘机的回转、行走和工作装置的动作都由液压传动系统实现，电动机驱动液压

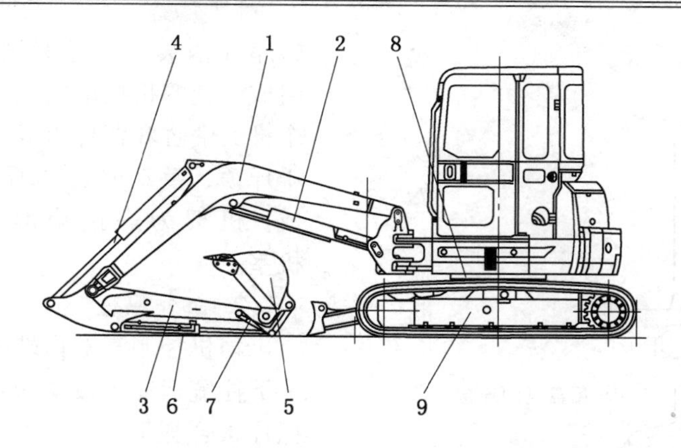

1—动臂；2—动臂油缸；3—斗杆；4—斗杆油缸；5—铲斗；6—铲斗油缸；
7—摇臂连杆；8—上部转台；9—行走机构

图4-6 立井液压挖掘机示意图

泵，把压力油分别送到两组多路换向阀，通过司机的操作，将压力油单独或同时送往液压执行元件（液压马达和液压油缸）驱动执行机构工作。

3. 使用方法

挖掘机下放至井底工作面，通过履带式行走机构在工作面上移动，利用动臂驱动铲斗挖土或刷帮，可以独立向吊桶装矸，也可以配合抓岩机装矸。将矸石集中在吊桶附近以利于装矸，由安装在吊盘上的抓岩机负责将挖掘机集中好的矸石装入吊桶，通过抓岩机司机和挖掘机司机的密切配合以及专职人员的统一指挥，两种设备在工作面同时工作，同时完成挖土和装罐作业。

4. 注意事项

（1）挖掘机操作应由专职司机进行，未取得相应资格的人员严禁操作。

（2）现场管理人员应统一指挥抓岩机和挖掘机的配合作业，并指挥现场人员及时躲避到安全地点。

（3）掘进工人应听从管理人员指挥，注意挖掘机可能的行进位置，做好自身保护。

二、抓岩机

我国煤矿立井井筒施工中出矸工作通过采用中心回转抓岩机向吊桶装矸。中心回转抓岩机占用井筒面积不大，便于操作，使用安全可靠，已经成为立井施工必备的出矸设备。

1. 主要结构

中心回转抓岩机主要由抓斗、提升机构、回转机构、变幅机构、支撑系统和机架等部件组成，如图4-7所示。

抓斗由抓片、拉杆、耳盘、气缸和配气阀等部件组成。抓片的一端与活塞杆下端铰接，腰部孔通过拉杆与耳盘铰接。提升机构由气动机、减速器、卷筒、制动器和绳轮机构组成。悬吊抓斗的钢丝绳一端固定在臂杆上，另一端经动滑轮引入臂杆两端的定滑轮，并通过机架导向轮缠至卷筒。回转机构由气动机、蜗轮蜗杆减速器、万向接头、小齿轮、回

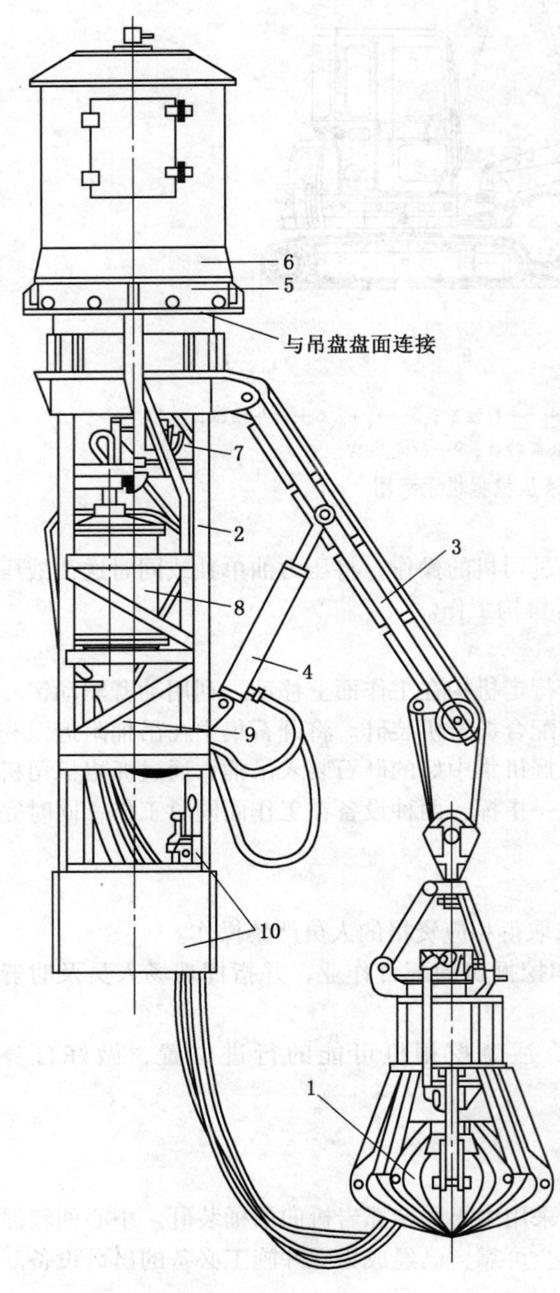

1—抓斗；2—机架；3—臂杆；4—变幅油缸；
5—回转结构；6—提升绞车；7—回转动力机；
8—变幅气缸；9—增压油缸；10—操作阀和司机室

图 4-7 中心回转抓岩机

转座（内装与小齿轮相啮合的内齿圈）组成。变幅机构由大气缸、增压油缸、两个推力油缸和臂杆组成。固定装置由液压千斤顶、手动螺旋千斤顶和液压泵站组成。机架为焊接箱形结构，下部设司机室。

2. 工作原理

司机控制气缸顶端的配气阀，使活塞上下往复运动，致使活塞杆下端牵动 8 块抓片张合抓取岩石。司机通过控制气阀，使提升机构的气动机带动卷筒正转或反转以升降抓斗。制动器与气动机同步动作，当气动机经操纵阀引入压气时，同时接通制动阀气缸松开制动带，卷筒开始转动。反之，当气动机停止工作时，制动带借弹簧张力张紧而制动。除绳轮机构外，整个提升机构安装在回转盘以上的机架上，并设有防水保护罩。

回转机构中气动机经操纵阀给气转动时，驱动减速器，通过万向接头带动小齿轮，使其在大齿圈内既自转又公转，以实现整机作 360° 回转，可使抓斗在工作面任意角度工作。回转座底盘固定在吊盘的钢梁上，回转座防水罩顶端设有万向接头，保证抓岩机回转时能不间断地供应压气。

变幅机构中大气缸和增压油缸通过一根共用的活塞杆连成一体，活塞杆两端分别装有配气阀和控油阀，由于活塞杆两端的活塞面积不同，使增压油缸内的油增压。增压油缸通过控制阀向铰接在机架与臂杆之间的两个推力油缸供油，推动活塞向上顶起臂杆变幅。打开配气阀，增压油缸内液压随之递减，油液自推力油缸返回增压油缸，臂杆靠自重下降收拢臂杆。

固定装置用以固定吊盘，保证机器运转时盘体不致晃动。使用时，先用螺旋千斤顶调整吊盘中心，然后用液压千斤顶撑紧井帮。螺旋与液压千斤顶要对称布置。司机室的 4 根立柱为空腔管柱，兼作压气管路，室内装有操纵阀和气压表，用于控制整机运转。

3. 使用方法

首先要把抓岩机安装在吊盘下层盘上，抓岩机的布置应与吊桶协调，一般布置在井筒的中央或轴线上，保证工作面不出现抓岩死角。抓岩机操作工作应该由受过专业培训的人员来进行。抓岩机应与挖掘机或掘进工人密切配合，保证安全，避免机械伤人。定期检修设备，及时发现并更换变形零部件，定期检查钢丝绳，发现问题及时解决。经常检查油压，及时加油，做好部件的清洁和润滑工作。

4. 注意事项

（1）抓岩机司机要经过严格的技术培训，操作技术要熟练。

（2）爆破施工时，合理选择爆破参数，改进爆破技术，改善岩石破碎程度，提高抓岩机抓岩效率。

（3）施工现场抓岩机和挖掘机、掘进工人应合理配置，专人统一指挥，协同作业。

第五章 井 筒 支 护

第一节 临 时 支 护

一、井圈背板临时支护

立井井筒采用普通法凿井时，一般临时支护与掘进工作面的空帮高度不超过 2 ~ 4 m。临时支护要求结构牢固和稳定，拆装迅速和简便。井圈背板临时支护的井圈规格视井筒直径而定，当井径为 3.0 ~ 4.5 m 时，一般选用 14a 槽钢；当井径为 5.0 ~ 5.5 m 时，一般选用 16a 槽钢；当井径为 6.0 ~ 7.0 m 时，一般选用 18a 槽钢；当井径为 7.5 ~ 8.0 m 时，一般选用 20a 槽钢。背板形式依围岩稳定程度而定，厚度一般为 30 ~ 50 mm，布置形式有倒鱼鳞式、对头式和花背式，如图 5－1 所示。倒鱼鳞式适用于表土层和松软岩层、淋水较大的岩层；对头式用于一般基岩掘进；花背式主要用于稳定岩层掘进。

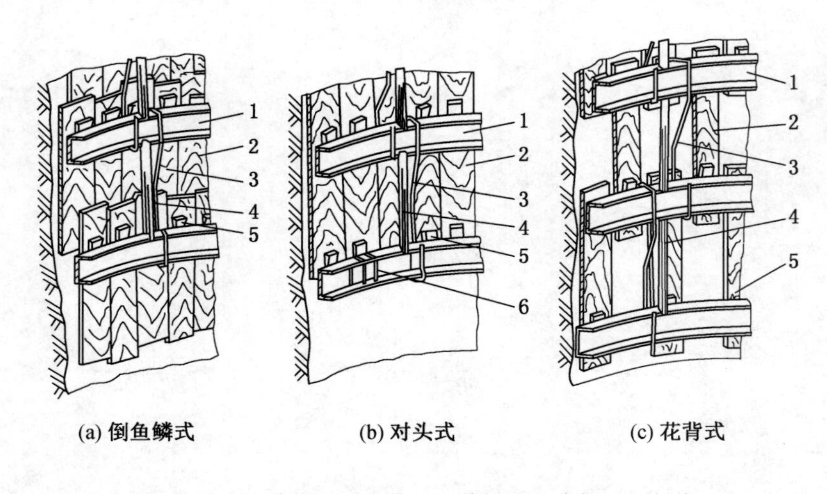

1—井圈；2—背板；3—挂钩；4—撑柱；5—木楔；6—插销

图 5－1 井圈背板临时支护形式

我国井筒掘进的临时支护技术是随着井筒作业方式的发展而变化的。20 世纪 70 年代以前，大多数井筒掘砌以长段单行作业为主，临时支护主要采用井圈背板方式。这种临时支护在通过不稳定岩层或表土层时，是行之有效的，但是材料消耗量大，拆装费时长。目前井筒施工，不管采用何种作业方式，均以锚喷临时支护为主。

二、锚杆、锚网喷临时支护

在立井施工中遇到围岩不稳定时，常常使用锚杆或锚网喷进行临时支护，这种支护还叫作临时支护。

（一）常用帮部锚杆钻机的使用和维护

目前国内煤矿的帮部锚杆钻机主要分为两大类：一类为气动帮部钻机，有手持式气动帮部钻机和支腿式气动钻机；另一类为液压帮部钻机，有手持式液压帮部钻机和支腿式液压帮部钻机，它以压力油为动力，驱动液压马达旋转切削钻孔和安装锚杆。

1. 手持式气动帮部钻机

1）主要结构及工作原理

手持式气动帮部钻机主要由气马达、减速箱、水控制手把、气马达控制手把、扶机把、消音器组成，其中，气马达有两种，一种为叶片式气马达，另一种为齿轮式气马达。

操作者双手握住扶机把，左手开启马达控制阀，压缩空气经过过滤器、注油器滤网由进气口进入气马达驱动气马达旋转，经齿轮、链轮减速后，驱动输出轴带动钻杆钻头旋转切削钻孔或搅拌锚固剂，安装锚杆。钻孔时操作者用右手打开水阀控制阀，冲洗水经过钻杆、钻头冲洗岩孔、并起到冷却钻头的作用。

2）钻机的操作与使用

使用前的准备工作有如下几个方面：

（1）使用前，首先打开主气管路气阀或水路水阀，将气管和水管吹净或冲洗干净，气、水管内不得留有污物。

（2）进气管道安装注油器，注油器距钻机的最大距离不得超过 3 m。

（3）每班工作前，检查并给在管道上的注油器加注机油，加油量为 50 mL/班。

（4）将气、水管路接上钻机的进气、进水接头，并插牢插销，确保使用中不会脱落。

（5）检查水源，给钻机提供清洁的高压水是帮部锚杆钻机高效工作的基本条件。

（6）检查主气路，在钻孔过程中给钻机提供干燥、洁净的压缩空气，并确保气流量。

（7）分别检查气马达和冲洗水的控制手把，保证动作灵活，准确无误。

（8）检查钻杆的直度及内孔。钻杆的不直度不得超过 1 mm/m，内孔不得堵塞，钻杆的六方不得磨损。

（9）检查钻头，不得磨损。

钻机的操作主要有如下方面：

（1）空载试验。钻孔前先进行空载检查，先不插入钻杆，操作者用左手四指扳动马达控制扳机，打开气马达控制阀，压缩空气进入气马达，观察气马达及输出轴的转动是否正常。再用右手扳动冲洗水控制阀扳机，打开水阀，观察输出轴输出端的钻杆连接套中是否有水流出。

（2）钻孔。确认钻机空载试验正常后，即可开始钻孔。首先将钻杆尾部擦洗干净，插入钻机的钻杆连接套内。操作者两手持钻，右腿向前跨一步站稳，将钻头顶住巷帮上需钻孔的位置，右手扳动冲洗水控制阀扳机，水控制阀打开，开始给钻头供冲洗水。左手扳动气马达控制扳机，打开气马达控制阀，钻机开始旋转切削钻孔。此时，操作者两臂用力向前推动钻机做钻孔推进。刚开始钻孔属开眼阶段，转速稍慢一点，推力略小一些，钻头钻进岩石 20 mm 左右，则开眼成功。开眼后便开始正式钻孔，此时便可以最快钻速进行钻孔，操作者也需全力推进，进行快速钻孔。当锚杆孔钻至所需深度时，钻孔停止。这时，将冲洗水控制手把扳到关闭位置，关掉水阀，使钻机缓慢旋转，操作者两臂用力推拉钻机几次，将钻孔内煤粉及冲洗水排出，然后向后拉出钻机，钻孔结束。当钻头即将离开钻孔时，将气马达控制扳机扳到关闭位置，钻机停转。钻完一孔后，按上述方法，将钻机对准下一孔位，继续钻孔。

3）注意事项

钻机的操作与使用必须注意如下几个方面：

（1）钻孔过程中，工作气压不得超过 1 MPa。

（2）严禁无润滑开机，以免损伤气马达，一般情况下每班必须加油 1 次。

（3）钻机上水、气接头处装有滤网，使用时不得随意拆卸，以免污物进入机体，影响气马达的精度和使用寿命。

（4）定期拆洗滤网，将气、水接头拆开进行清洗，清除滤网上的杂质。

（5）减速器及气马达定期添加润滑油，并定期拆洗减速器和气马达，清洗干净后加上规定型号的润滑脂和润滑油。

2. 支腿式气动帮部钻机

1）主要结构

支腿式气动帮部钻机主要有气马达、传动箱、操纵部件、气动支腿组成。支腿式气动帮部钻机适用于岩石坚固性系数 $f \leqslant 5$ 的煤或岩石。

2）工作原理

开启气马达控制阀，压气经空气过滤器、注油器、滤网进入气马达，驱动气马达经齿轮减速后带动输出轴、钻杆、钻头顺时针方向旋转切削钻孔。开启支腿控制阀，支腿动作。当控制阀处于中间位置，支腿充气、排气相平衡，支腿不动作；当气腿控制阀处于排气位，气腿腔内余气即从气腿控制阀排出，气腿回落。钻帮孔时，可根据孔位操纵控制阀，使支腿升、停、降，满足钻孔及安装锚杆的要求。

3）钻机的操作与使用注意事项

（1）该机需两人操作，一人负责操纵马达控制阀，另一人负责操纵支腿的升、降及水阀的开关。

（2）操作者站在钻机外侧，钻孔前应检查风、水管是否接好，油雾器内是否注满润滑油。空运转试机检查气马达、支腿正常后，再正式钻孔。

（3）开眼时转速不易太快，支腿推力调小，当钻进 30 ~ 50 mm 时，打开水阀逐步提高转速，加大推力。

（4）钻孔到位后，关闭气支腿开关，马达慢速旋转，支腿靠自重和人工辅助返回。最后关闭水阀。

（5）套钎钻孔时，长钻杆的钻头直径宜稍小于短钻杆钻头直径。

4）钻机特点

（1）体积较小，质量较轻，操作简单，维护方便。

（2）齿轮式气马达运转稳定，可靠性高。

（3）该机可用于煤帮上部锚杆孔施工，解决了长期以来巷帮上部锚杆孔不好施工的难题，施工质量好，且劳动强度低。

3. 手持式液压帮部钻机

1） 主要结构及工作原理

手持式液压帮部钻机主要由扶机把、水控制手把、液压马达、液压马达控制手把连接头、钻杆套等组成。操纵液压马达手把，泵站输出的压力油进入液压马达驱动液压马达旋转，液压马达输出的转矩经连接头、钻杆套驱动钻杆、钻头切削钻孔。钻孔时，操纵水控制手把，水进入连接头水室，从钻杆尾部进入中空钻杆，从钻头两水孔喷射到锚杆孔内进行降尘排屑，冷却钻头。

2） 钻机的操作与使用

手持式液压帮部钻机的操作方法和钻孔程序，安装锚杆、搅拌锚固剂的工艺，与手持式气动帮部钻机基本相同。

3） 注意事项

（1） 泵站的工作压力应控制在 8 ~ 11 MPa，不宜太大或太小。

（2） 钻孔时严禁马达反转，若发现反转现象应立即调整转向。

（3） 钻孔中若发现卡钻、停转或钎杆弯曲现象，应立即拉回钻杆或更换钻杆，然后重新钻孔。

（4） 每次施工结束后，应用水将钻机冲洗干净，油管、水管一般不宜拆下，若拆下应注意保护好进出油口、进水口，以防污物进入。

4） 特点

（1） 钻机为便携式，结构简单，质量轻，操作维修方便，使用可靠。

（2） 与液压顶板钻机共用一泵站，简化了掘进工作面的配套设备，实现了掘进设备的动力单一化。

（3） 输出转矩大，集钻孔、锚固剂搅拌、锚杆安装功能于一体。

4. 支腿式液压帮部钻机

1） 主要结构及工作原理

支腿式液压帮部钻机主要由操纵机构、切割机构、液压支腿、液压泵站组成。其工作原理：泵站输出的压力油通过高压软管送到主机操纵组合控制阀，控制切割机构的旋转和支腿的升降，从而完成眼孔的施工。

（1） 切割机构。切割机构由摆线油马达、回转供水装置、连接套等部件组成。油马达提供切削岩石的动力，防尘冷却水经回转供水装置至钻杆、钻头喷射到锚孔内。钻机输出的转矩经连接套传递给钻杆、钻头，完成钻孔作业。

（2） 液压支腿。液压支腿由单级或双级油缸组成。液压支腿主要作用是钻边帮锚孔时起到调节钻孔高度、支撑切割机构、辅助推进的作用。

（3） 操纵机构。操纵机构主要由组合式换向阀、操纵架、左右操纵手把组成。左手把控制液压支腿的升降，右手把控制油马达的旋转。通过操纵架将操纵机构与切割机构连成一体。

（4） 泵站。泵站主要由防爆电机、双联齿轮泵、油箱、安全阀及辅件组成。双联泵输出的压力油一路供液压支腿，一路供液压马达。

2） 钻机的使用方法

（1）钻机运到工作区域，将引自泵站的进油管和回油管接好。

（2）检查紧固件有无松动，各连接部位是否可靠。

（3）检查油箱的油位，接通电源和水源，启动电机，确保电机按照规定方向旋转，检查油管是否漏油。

（4）找好钻位，使钻杆尽量与帮部垂直。

（5）先启动马达，使钻机旋转，再慢慢开启支腿，让钻机慢慢接近开孔，当钻进30 mm后，方可开启水阀，马达阀完全打开，并加大推力，进入正常的钻孔作业。

（6）钻孔到位后，马达继续旋转，支腿控制手柄反向旋转。

（7）套钎钻孔时，长钻杆的钻头直径宜稍小于短钻杆所用的钻头直径。

（8）钻孔完毕，钻机返回，装上搅拌套筒，用锚杆将树脂药卷推入锚杆孔内，将锚固剂送至孔底，然后启动锚杆钻机搅拌和安装锚杆。钻机的转速以中速为宜，支腿推进时间应与锚固工艺规定的搅拌时间基本符合。

（9）搅拌结束，停止旋转和推进，达到规定的树脂“固化时间”之后，开启锚杆钻机拧紧螺母，直至上紧。

（10）收起钻机，用水冲洗钻机，检查钻机是否有损伤，及时处理好，将其放置到规定地点。

3）注意事项

（1）钻孔前，必须确保帮部稳定，进行安全作业。

（2）钻孔时，不得戴手套握钻杆。

（3）开眼时，应扶好钻机，进行开眼作业。

（4）钻孔时，应合理控制支腿推进速度，以免造成卡钎、断钎、崩裂刀刃等事故。

（5）钻机收缩时，手不要扶在支腿上，以免伤手。

（6）钻机加载或卸载时，会出现反扭矩，但均可握紧操纵臂取得平衡。操作者应注意站位，合理握住手柄。

（7）注意保持油箱的油位。

（8）钻孔结束后将钻机冲洗干净，并竖起靠在巷道帮安全位置，严禁平放在地面。

（9）主机与液压系统拆开运输时，油管接口、管接头处应用干净塞子堵好并用干净塑料布包好，以防污物进入。

（二）锚杆支护

1. 锚杆的种类

锚杆的种类很多，有木锚杆、竹锚杆、管缝锚杆、水泥锚杆、水泥膨胀锚杆、注浆锚杆、树脂锚杆、可延深锚杆、可切割锚杆、可回收锚杆等。随着技术的发展，不断有新型锚杆出现。下面介绍几种常用锚杆。

1）树脂锚杆

树脂锚杆由杆体、锚固剂、托盘和螺母组成。

（1）锚杆杆体。锚杆材质大致可分为3类：①普通锚杆，材料屈服强度 $\sigma_s <$ 340 MPa；②高强度锚杆，材料屈服强度 $\sigma_s = 340 \sim 600$ MPa；③超高强度锚杆，材料屈服强度 $\sigma_s > 600$ MPa。不论哪种材料，其延伸率均应大于15% ~17% 。目前国内锚杆杆体材料主要有左旋无纵筋螺纹钢、精轧右旋（或左旋）全螺纹钢筋和Q235圆钢等。

（2）树脂药卷。常用的树脂锚固剂直径有 23 mm 和 28 mm 两种。一般要求树脂锚固剂直径比钻孔直径小 4 ~ 6 mm。这两种树脂锚固剂所匹配的钻孔直径分别为 29 mm 和 33 mm。树脂锚固剂长度一般有 350 mm、500 mm、600 mm、700 mm 和 800 mm 等 5 种。

（3）锚杆托盘。目前多数矿区主要使用的托盘为 Q235 或 20MnSi 钢板压制的蝶形托盘、平板形托盘和铸铁托盘，面积 100 ~ 225 cm^2，厚度 8 ~ 15 mm。

（4）锚杆螺母。锚杆用螺母有两种：一种是普通通用螺母，另一种是快速安装防松螺母。

（5）护网。网有多种形式，按材料分为金属网和非金属网。金属网有钢（铁）丝网，包括菱形编织网、经纬热压接网、经纬纺织网和钢筋网；非金属网主要有塑料网、聚酯网和笆片。

安装树脂锚杆时，用锚杆杆体将树脂药卷送到眼底，然后用锚杆搅拌器带动杆体旋转，将药卷捣破并搅拌 30 s 左右，化学药剂混合后发生化学反应，树脂由液态聚合转化为固态，将孔壁岩石和锚杆体端部胶结固化在一起。15 min 后安上托盘拧紧螺母即安装完毕。

2）管缝式锚杆

管缝式锚杆是美国 20 世纪 70 年代研制成功的，采用美国 1018 钢制作，其屈服应力为 280.0 ~ 439.0 MPa；或采用 4130 钢，其屈服应力为 421.0 ~ 701.0 MPa，大致相当于我国 45 号钢或低合金钢。目前国内用 45 号钢或 16 铬钼钢等低合金钢板加工，多用卷压成型的加工工艺，锚杆长度为 1.2 ~ 1.5 m，或 1.8 ~ 2.0 m，或更长一些。钻孔直径通常为 34.9 mm。因管径大于孔径，需用风钻（前端装特制顶具）或其他机具强行顶入锚杆孔中，依靠优质钢管的弹性变形恢复力而与孔壁紧紧挤压，在杆体全长产生摩擦锚固力。锚固力取决于多种参数，通常可达 50 ~ 70 kN。

这种锚杆靠摩擦力实现全长锚固，适用范围广泛，可作为巷道掘进中的超前锚杆，也可使用在巷道掘进中变形较大、位移量较大的围岩中。当锚杆受围岩横向位移力时，锚固力更大，而且不易折断。在普通岩体中使用效果较好。

由于管缝式锚杆为空心结构，打入围岩后，容易产生透水管路，而且管缝式锚杆遇水易锈蚀。因此，这类锚杆不适宜在含水量大的岩层和含膨胀性矿物的软岩岩层中使用。

3）水泥锚杆

水泥锚杆由杆体和水泥药卷组成。水泥锚杆的杆体有钢制、竹制及木制 3 种。钢制锚杆有端部弯曲式、小麻花式、普通麻花式、端盘式和回收式等。端部弯曲式、小麻花式适用于打入安装，普通麻花式适用于旋转搅入安装，端盘式适用于冲压安装。竹锚杆有端尖式和锯齿式，木锚杆有端锥式，均适合打入安装。

水泥药卷多种多样，按结构形成有实心式和空心式；按吸水方式有浸水式和自备水式；按锚固方式有端锚式和全长锚固式。

2. 安装锚杆的相关要求

1）安装锚杆必须遵守的规定

（1）安装前，应先检查锚杆孔布置形式、孔距、孔深、角度，以及锚杆部件是否符合作业规程要求，不符合规程要求的应及时处理、更换。

（2）安装前，应将眼孔内的积水、煤岩粉屑用掏勺或压风吹扫干净。吹扫时，操作人员应站在孔口一侧，眼孔方向不得有人。

（3）安装锚杆必须按作业规程的要求认真操作，托板要紧贴壁面，不能有松动现象。锚杆安装时的预应力必须符合作业规程规定。

（4）锚杆的外露长度要符合作业规程规定，一根锚杆不允许上两个托板或螺帽。

（5）锚杆安装后，要定期按规定进行锚固力检测，对不合格的锚杆必须重新补打。

（6）有滴水或涌水的锚孔，不许使用水泥锚杆。

2）安装树脂锚杆应遵守的规定

（1）安装时应先用杆体量测孔深和孔角度，符合规定要求后，再将树脂锚固剂放入孔内，并用杆体将锚固剂缓推至孔底。

（2）在杆体尾部上好连接头，用煤电钻或风动搅拌器连续搅拌，搅拌时间要符合规定。

（3）搅拌后，用木楔或小块矸石塞卡住杆体，然后轻轻取下搅拌钻具，不许出现杆体下滑现象。

（4）树脂经 15 min 固化后，安装托板（不包括 K 型和 M 型树脂锚固剂），并按作业规程规定的时间和扭矩拧紧螺帽，使托板紧贴岩壁。

3）安装管缝锚杆应遵守的规定

（1）安装前应按作业规程要求，检查孔深和管孔径差是否合格。

（2）使用凿岩机或液压锚杆安装机安装时，开始推力要小，以防推力过大造成管缝锚杆弯折，锚杆进入孔内 500 mm 后，再增加推力。

（3）在锚杆推进过程中，要始终保持锚孔和锚杆呈一条直线。

（4）推入眼孔的锚杆长度必须符合规定，垫板应与岩面紧密接触。

4）安装水泥锚杆应遵守的规定

（1）水泥锚固剂必须按当班需要量领取，入井后应放置在干燥处。使用前不准拆开塑料袋，以防遇潮变质或失效。

（2）安装前，应用杆体量测孔深。

（3）安装时，应首先将水泥锚固剂按作业规程规定的时间放入净水中浸泡，取出后立即放入锚孔内。

（4）安装微膨胀水泥锚杆时，应先在杆体上套上冲压管，把水泥锚固剂推至孔底，先挤压、轻冲，再重冲，将水泥锚固剂挤实。普通水泥锚杆或自浸式水泥锚杆的安装，与树脂锚杆的安装工艺相同。

（5）杆体安装后，按作业规程规定的时间上紧托板。

5）安装非金属锚杆应遵守的规定

（1）采用楔缝木锚杆时，应先将小木楔插入锚杆一端的楔缝中，木楔必须夹正、夹紧，然后将杆体插入锚孔，用大锤打紧锚杆，最后套上托板并打紧木楔，紧固托板。

（2）采用倒楔竹锚杆时，首先要把锚头与倒楔块捆扎在一起，用合理尺寸的圆钢或细钢管顶住倒楔块，把锚杆缓慢送入眼底，再用大锤冲砸，直至打不动倒楔为止，最后在外露端套上托板，打紧小楔，紧固托板。

（三）锚网喷支护

在松软不稳定的岩层中，打入锚杆，再喷一层混凝土，或者在喷射混凝土中再加一层金属网，称为锚网喷联合支护。这种支护方式起到封闭围岩，防止风化，增加围岩强度的作用。

喷射混凝土支护，就是将一定比例的水泥、砂、石、速凝剂混合搅拌后，装入喷射机，以压气为动力，使拌和料沿管路压送到喷嘴处与水混合，并以较高速度喷射到岩面上凝固、硬化。

1. 喷射混凝土的施工准备

（1）检查喷射地点的安全情况和掘进断面尺寸，排除作业范围内不安全因素。

（2）喷射前检查设备与管路的完好情况，熟悉作业规程，牢记喷厚要求。

（3）冲洗岩帮。喷射工人在喷射前用压力水冲洗岩帮，以冲洗粉尘和浮矸，提高混凝土与岩壁的黏着力，降低回弹。对于软岩和易风化的岩石，一定不要一次冲洗全部岩面，因为冲洗过的岩面，若不能及时喷浆，容易片帮垮塌，应做到洗一段喷一段。

2. 喷射操作

喷射操作先开水后开风，及时调整水灰比，水灰比一般为0.4～0.5。给水量的多少，主要由喷射工人靠目测来调整。从新喷的混凝土表面看，呈现稍亮光泽，易黏着，并且具有稠黏塑性，回弹物少，说明水量合适；如果表面无光泽，出现干斑，回弹物增加，粉尘飞扬，混凝土极不密实，说明水量少；出现表面塑性大或滑动、流淌，说明水量过大。喷头缓慢均匀地呈螺旋状移动，以保证混凝土均匀。

3. 喷射顺序

喷射作业要求喷射工人严格按操作规程进行。操作喷头时一手托住喷头，一手调节水阀，再联系送料，开始喷射。喷头移动方式，可先向受喷的刚性岩面用左右或上下移动的扫射方式喷一薄层，形成薄塑性层，然后在此薄层上以螺旋状一圈压半圈，沿横向作缓慢的划圈运动。划出的圆圈直径以100～150 mm为宜，喷射顺序应自下而上，以防止混凝土因自重而产生裂缝和脱落。对于一些凹凸不平的特殊岩面，应先凹后凸，自下而上地喷射；遇到较大或较深的凹坑，可采取间隔时间分层喷射，或沿周边分成几块喷射再向中间合拢的方法。若遇光滑岩面，可先喷上一层薄薄的砂浆，形成粗糙表面，间隔一段时间后再次喷射。遇有钢筋时，应采用近距斜向和快速点射的方式喷射，以保证钢筋后面喷射密实不留空隙。

第二节　永　久　支　护

我国立井井筒施工的支护形式可分为锚喷支护、现浇混凝土支护、块体砌筑、预制钢筋混凝土弧板等。随着建井技术的发展和机械化程度的提高，目前以现浇混凝土支护为主，其他形式的支护已经很少使用。

一、现浇混凝土支护工艺

现浇混凝土支护按照混凝土中是否含钢筋可分为钢筋混凝土和素混凝土两种，钢筋混凝土是当掘进一个模板段高后，首先进行钢筋的连接和绑扎，再进行支模浇筑；素混凝土的施工不需要钢筋的绑扎，直接进行支模浇筑。

现浇混凝土永久支护采用的模板形式主要有金属活动模板短段筑壁和液压滑模长段筑壁两种。此外，少数井筒仍采用普通拆卸式模板进行混凝土浇灌。

金属活动模板一般由钢丝绳悬吊，依据需要支模的位置进行下放，随着掘进的进行，进行一段一段的砌筑井壁。掘进完成一个模板段高后，进行上一段高的脱模，钢丝绳下放，凿平地面后支模，然后在井口搅拌站搅拌混凝土。混凝土通过底卸式吊桶或管路送到工作面进行浇灌，然后进入下一个循环，掘进下一个模板段高。

液压滑模长段筑壁适用于长段作业方式，它是当井筒完成大段高掘进后，用液压爬升（或用凿井绞车提吊）模板由下而上连续浇筑混凝土井壁的工艺。液压滑模长段筑壁中的浇灌作业流程，与活动模板短段筑壁过程基本相似。不同之处主要有以下几点：一是液压滑模筑壁混凝土凝固时间较短，一般为 40 min 左右，而且在时间上与浇灌混凝土平行；二是脱模与立模工序在模板滑升中同时进行；三是模板连续滑升和浇灌，只有最后一个井壁接茬；四是由于初凝脱模时间较短，刚脱模的混凝土井壁有时有掉皮等现象，因此需在模板下方的辅助盘上进行井壁修补和养护。

普通拆卸式模板进行混凝土浇灌施工工艺简单，但工人劳动强度大，需要不断拆卸和组合安装模板，不易实现机械化和加快砌壁速度，现已较少使用。

二、钢筋施工方法及注意事项

井筒掘砌施工时，竖筋一般采用螺纹套筒连接，环筋一般采用搭接进行连接，绑扎钢筋时按照设计半径绑扎钢筋，每循环绑扎完后，整体找线并固定牢固，绑扎时必须保证钢筋与井壁之间的混凝土保护层达到设计值，钢筋绑扎应保证横平竖直且不得出现缺扣松扣现象，钢筋上有泥土时必须用钢刷清理干净，钢筋的搭接长度符合设计要求，搭接接头错开应符合规范要求。钢筋绑扎时跟班技术员监督检查，确保钢筋按规范绑扎，钢筋间排距、保护层厚度、搭接长度均符合规范允许偏差范围。

（1）钢筋加工过程应严格按照操作规程进行，钢筋长度应符合要求，螺纹丝扣长度应满足设计，弯曲度应满足井筒断面需要，严禁不合格的钢筋下井。

（2）井口捆绑钢筋用的钢丝绳应满足强度要求，井口把钩工应确保钢筋绑扎牢靠，确保不会有松扣时，方可通知下放。绞车下放钢筋时要慢提慢送，确保钢筋通过井盖门、吊盘时无刮碰，送至工作面时，为防止碰伤人员，应有专人负责接收和警戒。

（3）绑扎钢筋应用专用工具，不准用手拧铁丝，钢筋应横平竖直，符合规范要求。作业人员保险带一定要生根牢固。

（4）绑扎钢筋应先连接竖筋后绑扎环筋，如果有两层钢筋，应先绑扎外层后绑扎内层。长钢筋应多人配合共同绑扎，专人递送钢筋。

（5）环筋绑扎前应在竖筋上自下而上按设计间距作出标记，钢筋搭接长度应符合设计要求，搭接接头错开应符合国家有关标准规定。环筋搭接扎丝不少于 3 道。竖筋机械连接应首选直螺纹接头，与上部螺纹接头应用牙钳连接牢固。钢筋间排距、保护层偏差应符合规范要求。

三、常用现浇混凝土支护模板的使用

（一）金属伸缩式活动模板

我国金属伸缩式活动模板使用较好的有两个系列：一是多缝式整体移动金属模板，主要代表是江苏煤炭基本建设公司使用的三缝式 MJS 型和鸡西矿务局建井工程处使用的三缝式 ZYJM 型；二是煤炭科学研究总院北京建井研究所研制的单缝式 YJM 型模板，目前已改为 MJY 型。这些模板具有脱模立模机械化，砌壁速度快的优点。这 3 种金属伸缩式活动模板均适用于立井混合作业和短段单行作业，永久井壁紧跟掘进工作面，取消了临时支护，能适用于不同的围岩条件，工作安全，但接茬缝较多。

1. 基本结构和原理

MJS 型、ZYJM 型模板采用 3 块三缝式桶壳结构，即模板由 3 扇模块组成 1 个三联杆式稳定结构的模板体。模块之间有 3 条竖向伸缩缝，缝内设置水平导向槽钢和同步增力脱模装置，如图 5－2 所示。在模板上部装有数十块合页挤压接茬板和折叠式自锁定位脚手架。在模板下部连有 45°刃脚圈。模板一般采用 3 台凿井绞车悬吊，并集中控制。

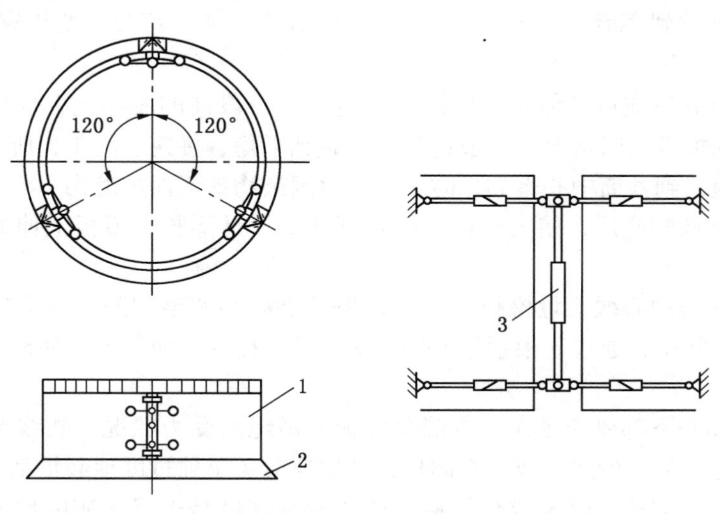

1—模板体；2—刃脚；3—增力装置

图 5－2 脱模装置示意图

目前 MJY 型模板在工程中应用最为广泛，并且已经实现了标准化和系列化。模板由模板主体、缩口模板、刃脚、液压脱模机构、悬吊装置、撑杆式工作台和浇筑漏斗等 7 个部分组成，如图 5－3 所示。模板主体由上、下两段组合而成，刚度很大。上段模板顶部设 9 个浇筑窗口和数 10 个工作台铰座；下段模板设有一个处理故障的门扇；缩口模板为 T 形，宽 550 mm；刃脚分 7 段，由组合角钢与钢板焊接而成；液压脱模机构装在缩口两侧模板主体上，由 4 套推力双作用单活塞油缸、风动高压油泵、多种控制阀等组成；撑杆式工作台板铰接在模板上，台板下有活动撑杆以支撑平台板。由于模板刚度大，通过油

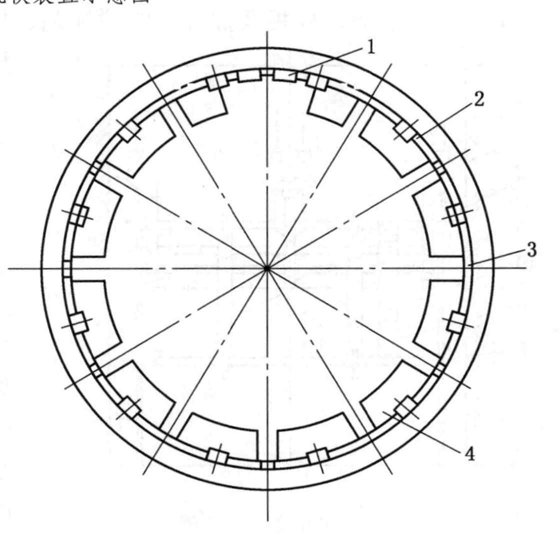

1—液压系统；2—基本模板块；
3—变径加块；4—浇筑工作台

图 5－3 MJY 型模板结构示意图

缸的强力收缩，使金属模板产生弹性变形，可实现单缝收缩脱模，油缸撑开即恢复模板设计直径和圆度。

2. 操作方法和注意事项

（1）金属伸缩式活动模板第一次在地面安装并验收合格后，才可下井安装，并再次验收合格后，方可使用。

（2）下放模板要专人指挥，通过电话机向地面集中控制操作室发出指令。

（3）施工每一段高混凝土时，首先下放模板刃脚，刃脚下放前，应首先找平下部矸石，确保人员远离井筒周边，模板刃脚一般由若干手动葫芦悬吊在模板主体上，刃脚下放应同时进行，且速度相同。

（4）刃脚下放到底后，使用井筒中心线进行找正，使之符合规范要求，确认合格后，再进行钢筋绑扎工作。

（5）钢筋绑扎完成后，使用风动液压泵进行上一段高的脱模，下放模板前，观察检查模板绳状况和模板受阻情况，下放过程中应做到平稳、慢速、同步，所有迎头工作人员应远离井筒周边，到井筒中心聚集，防止脱模时因杂物落下而被砸伤。

（6）模板下放到底后，使大模板全圆张开达到设计周长，模板上伸缩部位应有限位装置。

（7）使用井筒中心线丈量模板半径，在模板下放和调整期间，井下指挥者和地面操作者要一直保持联系，通过3根钢丝绳的升降调整模板的平面位置，使模板半径达到设计和规范要求。

（8）地面和井下都要安排人一直观察模板悬吊绳的受力状况。找线调整模板绳时尽量做到只松不起或多松少起，或即起即松，特别要避免单独过度地起提某一根钢丝绳。

（9）模板找线完毕，经验收合格后，还要检查底口是否有漏灰的地方，上端接茬口高度是否合适。

（10）浇筑前，模板要擦油或涂脱模剂，模板的限位顶丝旋紧，高压油管和闭锁收拾整齐，用塑料布盖好。

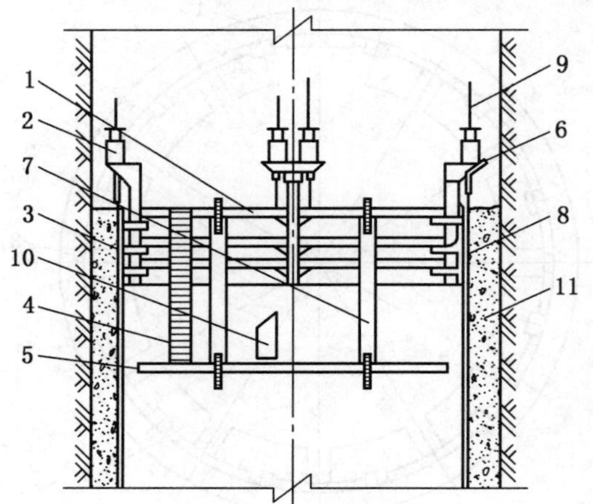

1—模板上盘；2—千斤顶；3—围圈；4—铁梯；5—滑模下盘；6—顶架；7—立柱；8—滑模板；9—爬杆；10—控制柜；11—混凝土井壁

图5－4　压杆式液压滑升模板

（11）最后在模板上撑设浇筑混凝土的工作平台，进行混凝土浇筑。

（二）液压滑升模板

井筒永久支护使用滑升模板施工以来，滑升模板获得了迅速发展。它不仅适用于长段单行作业的井筒筑壁，而且也可用于冻结法施工的井筒套筑内壁。如对固定模板的盘架结构作适当修改，则还可用于井筒平行作业。滑升模板筑壁混凝土可连续浇灌，接茬少，井壁的整体性与封水性好，机械化程度高，施工进度快。液压滑升模板按其滑升方式不同，分为压杆式（图5－4）和拉杆式两种，现在压杆式滑升模板使用较为普遍。

1. 基本结构和原理

压杆式滑升模板是利用井壁混凝土内的竖向钢筋作支撑杆，杆上部穿过爬升千斤顶，千斤顶固定在与楔板相连接的“F”形提升架上，“F”形提升架沿操作盘外圈每隔1.2～1.8 m布置1架。井筒直径越大，须克服模板滑升的阻力越大，因而提升架就布置得越多。与千斤顶进出油管相连的控制台是液压系统的动力源，其与千斤顶进出油管相连，设在辅助盘上。

2. 使用方法和注意事项

（1）初次滑升前首先应对滑模进行严格找线。当水平高差不超过20 mm，中心误差不超过10 mm，方位十字线居于正中时，方可浇筑混凝土。

（2）模板安装完成后，首先进行试滑。操作台接通电源，油箱加好油，千斤顶排气试压，先空爬两个行程，如一切正常，加载滑行1个行程，如无异常现象，穿滑杆加固支撑钢筋，开始浇筑并滑行。初始滑行时，因井壁较厚，滑模高度内一次浇筑混凝土量太大，易发生挤偏，另外顶杆的自由长度太长，使用时会不稳定。所以要制定合理的滑升程序并做分次滑升。试滑期间随时检查滑模水平、中心方位，并确保千斤顶水平度在－10°～10°之间。待滑行至合适高度后连接工作盘与辅助盘，并布置洒水管路。

（3）试滑运行良好后，可以进入正常滑升。在滑行期间，要经常检查调整滑模水平、中心、方位，使模板达到设计要求，在顶杆上每300 mm作一标记，千斤顶以上剩余350 mm时要及时接顶杆，顶杆接茬处要平整，不得有错台或缝隙出现，及时绑扎钢筋，混凝土入模振捣。滑升送油2～3个行程，检查确认无误后方可滑升300 mm。工作期间，辅助盘上人员要检查脱模后的井壁质量情况，对井壁进行洒水养护。

（4）液压系统的使用。液压系统选用46号耐磨液压油，使用中应及时检查，及时更换。正常操作油压控制在80 kg/cm^2。液压管件及接头在安装前都要做高压冲击试验，并且不得漏油。正常滑升时供油升压时间不少于10 s，回油时间不少于20～30 s，必须等回油后再开机供油，否则会影响滑升速度，产生水平误差。

（5）千斤顶的保护与使用。每台千斤顶的使用都要责任到人，滑升时由班长或队长统一指挥。所用千斤顶均应在地面试滑检查，认真清洗按同步运行情况分类存放保管，以便更换。为防止灰浆进入千斤顶，可在千斤顶上部顶杆上套上厚10 mm的胶皮保护盖，并经常清理以保持清洁。正确使用千斤顶的行程调节螺帽，其最大调节幅度为5 mm。因调整高差需要关闭千斤顶时，一次关闭数量不能超过5台。操作人员应经常检查千斤顶的运行情况，发现问题及时处理或更换，对于每台千斤顶的性能、工作情况和更换次数都要做详细的记录，以便查找分析原因。

（6）顶杆弯曲的防止与处理。顶杆弯曲可分为压弯和扭弯两种，无论何种弯曲，都会造成露筋或保护层过大，模板发生位移、卡模等事故。处理时要查明原因，以便区别对待。顶杆弯曲的预防与处理措施如下：一次滑升高度不超过300 mm，禁止增大顶杆的自由长度，保证顶杆的稳定性。控制油路，适当减轻弯曲顶杆的荷载。发现顶杆弯曲要及时处理，防止发生连锁反应，一根弯曲会造成接二连三的大面积弯曲，导致水平误差增大，折弯数量增多。在已弯曲的顶杆“F”架下面加焊人字架、斜撑，并把斜撑横筋焊在一起，以增强顶杆的支撑能力。个别弯曲严重的顶杆，用电焊割断，在千斤顶导向管的下面另行覆上一根ϕ25 mm圆钢并和顶杆焊在一起。

（7）防扭和纠偏操作。所谓扭转是指模板受扭转力矩的作用沿顺时针或逆时针方向作螺旋式位移，而偏斜主要是模板受水平推力的作用造成高差大，脱离了井筒中心。扭转分为缓慢扭转和急扭转两种。

缓慢扭转主要是千斤顶不同步、操作盘荷载不均匀、滑模组装及结构不合理、“F”架不垂直、滑升高差大、局部油路不通、顶杆错台、接头有间隙、部分顶杆失效、部分千斤顶失灵、边打灰边滑升、忽视找平找正工序等原因造成的。

急扭偏也是多方面的，如被提升设备挂住，滑模碰撞井壁，滑升速度超过混凝土凝固速度，顶杆自由长度过大，脱模后塌方造成空滑升，经常缓慢扭偏而未及时处理，等等。

扭偏的处理和预防：处理扭偏时首先要查明原因，对症下药，不能盲目进行。施工时应以预防为主。一旦发生卡模可用手动葫芦和钢丝绳生根在吊盘上慢慢吊起。处理扭转时可在扭转方向的反方向打木撑，使之逐步复位。

因处理事故不能正常滑升时，应每隔半小时开机滑升 1～2 个行程，以防止混凝土凝固粘模。

（8）滑模套壁施工安全注意事项：

①禁止吊桶坐落在滑模上，以防滑模偏斜，罐底距操作盘 200 mm 为宜。

②操作盘物料堆放要整齐，数量不宜过多，而且应分布均匀，使操作盘受力平衡。

③吊盘距操作盘不宜过高，4 m 左右即可。

④更换千斤顶时，要停止滑升，拆一个换一个，不准同时拆除多个而影响承载能力，更换后经检查无误后方可恢复滑升。

⑤滑升时应停止打灰作业，严格按照找平、找中、定方位的工序施工，以防造成扭偏、卡模事故。

⑥正常打灰时，禁止在辅助盘上打木楔固定，防止发生偏斜。

⑦认真保护液压管路、测量标志、水准连通器等设施，发现问题及时处理。

⑧顶杆布置应随时检查，确保顶杆的位置正确无误。

⑨盘上工作人员使用工具要拴上绳套，并套在手腕上，以防坠落。每天对各层吊盘及其连接部件进行检查，发现问题及时更换或处理。

⑩各盘之间设置安全梯，人员上、下要小心谨慎，以防坠落。各盘工种岗位及时联系，协调一致。

（三）装配式金属模板

1. 基本结构

装配式金属模板由若干块弧形钢板装配而成。每块弧板四周焊以角钢，彼此用螺杆连接。每圈模板由基本模板（2 块）和楔形模板（1 块）组成，如图 5－5 所示，斜口和楔形模板的作用是为了便于拆卸模板。每圈模板的块数根据井筒直径而定，但每块模板不宜过重（一般为 60 kg），以便人工搬运安装，模板高约 1 m。

2. 使用方法和注意事项

1）使用方法

（1）装配式金属模板可在掘进工作面爆破后的岩石堆上或空中吊盘上架设。自下而上逐圈灌筑混凝土，它不受砌壁段高的限制，可连续施工，且段高越大，整个井筒掘砌工序的倒换次数和井壁接茬越少。装配式金属模板使用可靠，易于操作，井壁成型好，封水

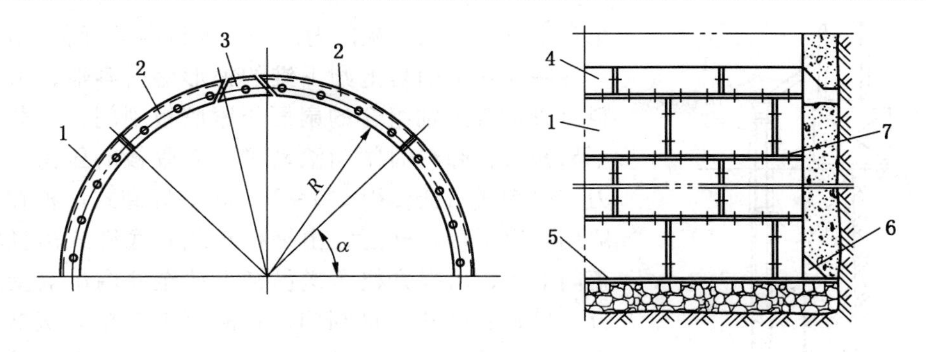

1—金属模板；2—斜口模板；3—楔形模板；4—接茬模板；5—底模板；6—接茬三角木块；7—联结螺栓

图 5-5　装配式金属模板

性强，但这种模板存在立模、拆模费时、劳动强度大及材料用量多等缺点。

(2) 装配式金属模板在冻结井的内壁套砌施工中使用较广泛，一般在壁座掘进完成后，先组装钢刃脚，形成井壁斜接茬面，之后在刃脚上组装块模板，开始套壁施工，逐模浇筑到一定高度后，可以拆除最下面一层模板，在吊盘下组装辅助盘并与吊盘连接，辅助盘的作用是拆除模板和进行洒水养护。拆除的模板用绞车提升至吊盘下层，再次进行组装，如此循环使用，保证套壁工作自下而上连续不断地施工。

2）注意事项

(1) 组装模板前，应先把粘在模板上的混凝土清理干净，然后由接茬模板一侧，按顺序将模板组装好。组装模板时，每块模板应不少于 3 人操作。

(2) 组装模板的上、下、左、右连接螺丝必须拧紧，不得有松动、漏紧等现象，严禁使用铁丝或其他东西代替。浇筑混凝土前，班队长应全面检查螺丝紧固情况。

(3) 立模完毕后，提升吊盘，使下层吊盘盘底低于模板上口 200 mm，以便于下次组装模板和浇筑。起盘时，注意监视吊盘上、下，注意观测辅助盘有无杂物落下，并及时清理。

(4) 混凝土拆模不得低于 12 h，在辅助盘上拆模必须将吊盘上各管道口封严以防坠物伤人。拆模应从模板接茬开始，每次只拆 1～2 块，拆模前对未拆模板应用挂钩与上部模板连接牢固。拆下模板后，应及时清灰刷油，以备循环使用。

(5) 为防止辅助盘倾斜，拆下的模板应及时提到吊盘上，未及时提升的应均匀放在辅助盘面上并生根，放置模板的块数不应大于作业规程的要求。

(6) 辅助盘上的工作人员应佩戴安全带，并生根牢固，安全带的生根绳应从吊盘引下，每个生根位置不应超过规定人数。

四、混凝土的运输和浇筑

1. 混凝土的输送方式

现在立井掘砌施工大多采用在井口设置混凝土搅拌站的方法，来满足井筒砌壁的需要。常用的输送方式有底卸式吊桶输送混凝土和溜灰管路输送混凝土。

1）吊桶输送混凝土

利用吊桶输送混凝土是将混凝土装入底卸式吊桶内，利用提升机将底卸式吊桶运送到

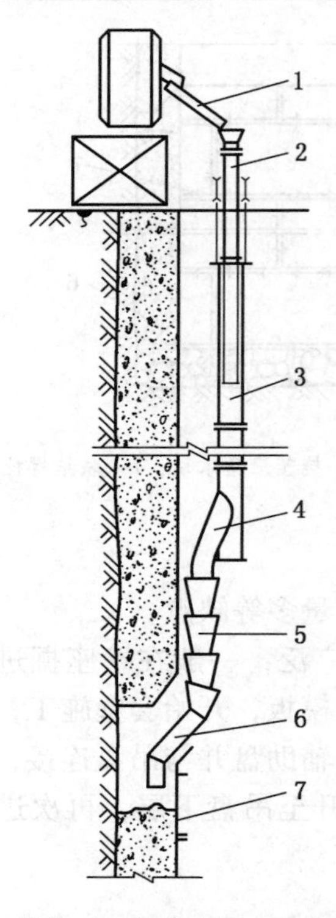

1—溜槽；2—漏斗套管；3—输送管；4—缓冲器；5—活节溜灰筒；6—导灰管；7—模板

图5-6 管路输送混凝土示意图

吊盘上方，卸入分灰器内，进入模板内进行混凝土浇筑。

底卸式吊桶是上圆下锥的桶形盛料容器，由于底卸料口铰接有滚轴组合的扇面压紧胶板闸门，装载混凝土不易漏浆，卸料时闸门滚动脱开对胶板的压紧，省时省力。底卸式吊桶容积1.0~3.5 m^3。底卸式吊桶在地面一般用轨道平板车转运，由平板车载着底卸式吊桶驶至井盖门上后，由提升机运送吊桶下放至井内吊盘受灰斗上方，打开底卸式吊桶闸门，将混凝土卸至分灰器，混凝土在受灰斗中由人工再次搅拌，然后对称进入溜灰管，进入筑壁模板中。

利用吊桶输送混凝土，可保证输送时的混凝土质量，适用混凝土的坍落度条件较宽。但下料受吊桶容积和提升能力的限制，速度较慢，输送时占用提升设备，影响排矸和人员上下。吊桶输送混凝土一般适用于多台提升机凿井和输送点标号、低坍落度混凝土的情况。

2）溜灰管路输送混凝土

利用管路（溜灰管）输送混凝土是将混凝土直接通过悬吊在井筒内的钢管输送到井下，经缓冲器缓冲后，利用分灰器、竹节铁管、导灰管等送入筑壁模板中，如图5-6所示。

利用管路（溜灰管）输送混凝土必须在井筒内悬吊1~2根 ϕ150 mm 的无缝钢管，并应保证其悬吊的垂直度，以减轻混凝土对管路的磨损。另外，管路下端应安设缓冲器，以减轻混凝土出口时的冲击作用。常用的缓冲器有分岔式和圆筒式两种，其结构如图5-7所示。

2. 混凝土的浇筑

（1）浇筑混凝土前，应做好效验尺寸、立模的工作。在掘进工作面砌壁时，先将矸石整平，放置托盘于刃脚下、一般选用水平管操平托盘，下放刃脚，下放井筒中心线（或使用激光指向仪）。使用3把卷尺同时从井筒中心线丈量刃脚外口的3个平均分开的不同方向，调整刃脚位置，使3个方向井筒中心线所指示的卷尺尺寸符合设计和规范要求。符合要求后，选择新的钢尺位置，再次效验刃脚位置，确定符合要求后，在刃脚外铺上砂子，然后进行绑扎钢筋、脱模，最后使用上述同样的方法进行效验模板。

对于液压滑模，必须经常检查模盘的中心位置和水平度，要及时进行操平和找中，注意滑模盘的扭转和倾斜，以及爬杆的弯曲。

（2）浇筑混凝土。浇捣混凝土要对称分层连续进行，每层厚250~350 mm 为宜，随浇随捣。若时间间隔较长，混凝土已有一定强度时，要把上部表层凿成毛面，用水冲洗，并铺上一层水泥浆后，再进行灌筑。人工捣固时，振捣要充分，肉眼观察以混凝土面基本流平、表面出现薄浆，灰浆均匀饱满，没有明显气泡逸出为准。用振捣器振捣时，振捣器要插入下层50~100 mm。

3. 注意事项

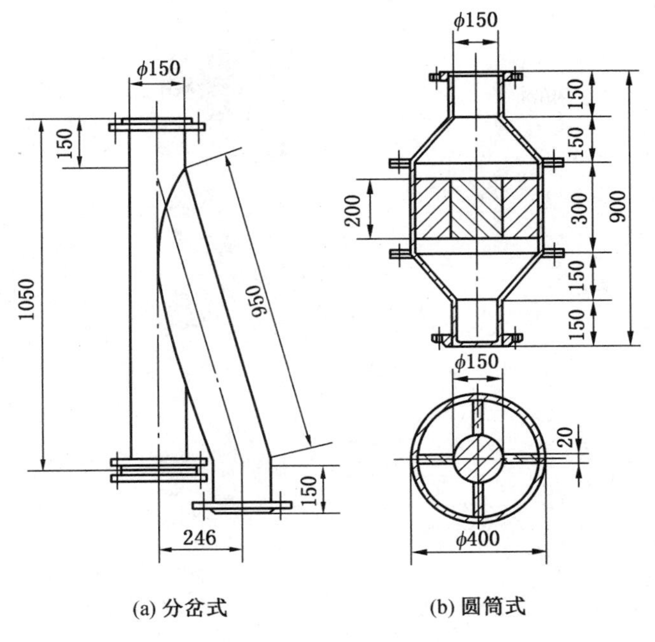

图 5－7　常用缓冲器的形式

（1）导灰管应均匀布置在井筒周围，均匀下料，防止模板因挤压而产生偏移。

（2）站在浇筑平台上的人员应系保险带并生根牢固。

（3）浇筑混凝土的工作人员应用铁丝把导灰管固定到模板上，防止导灰管因混凝土下落时产生的冲击力而甩开。

（4）如果混凝土入模速度快、量大，要增加振动棒数量，如果混凝土坍落度小，流淌速度慢，应增加溜灰管数量。

（5）混凝土入模和振捣工作要定人定岗，责任落实到人，保证井壁浇筑内在质量和观感质量。混凝土浇筑完要清理吊盘和模板工作平台。

第三部分

井筒掘砌工中级技能

第六章 施 工 前 准 备

第一节 安全事故预防的基本知识

一、事故预防

防止事故发生，首先必须弄清事故预防原理。事故预防原理，主要是阐明事故是怎样发生的、为什么会发生，以及如何采取措施防止事故发生的理论体系，它以伤亡事故为研究对象，探讨事故致因因素及其相互关系、事故致因因素控制等方面的问题。

（一）基本概念

1. 安全

安全是相对的概念，对于一个组织，经过风险评价，确定了不可接受的风险，那么就要采取措施将不可接受的风险降至可允许的程度，使人们免遭不可接受风险的伤害。

2. 危险

作为安全的对立面，危险是指在生产活动过程中，人或物遭受损失的可能性超出了可接受范围的一种状态。危险和安全一样，也是与生产过程共存的过程，是一种连续型的过程状态。危险包含了尚未为人所认识的，以及虽然为人们所认识但尚未为人所控制的各种隐患。同时，危险还包含了安全与不安全这一矛盾斗争过程中某些瞬间突变发生而外在表现出来的事故结果。

3. 风险

风险是指特定危险事件发生的可能性与后果的组合。

4. 事故

事故是指造成死亡、职业病、伤害、财产损失和其他损失的意外情况。

5. 隐患

隐患是指在生产活动过程中，由于人们受到科学知识和技术力量的限制，或者由于认识上的局限，而未能有效控制的有可能引起事故的一种行为（一些行为）或一种状态（一些状态）或二者的结合。

隐患是事故发生的必要条件，隐患一旦被识别，就要予以消除。对于受客观条件所限，不能立即消除的隐患，要采取措施降低其危险性或延缓危险性增长的速度，减少其被触发的概率。

（二）事故致因理论

事故发生有其自身的发展规律和特点，只有掌握了事故发生的规律，才能保证安全生产系统处于安全状态，很多学者从不同的角度对事故进行了研究，提出了很多事故致因理论，具有代表性的有：事故频发倾向理论、海因里希因果连锁理论、博德因果连锁理论、能量观点的因果连锁理论、轨迹交叉理论、金字塔模型、系统安全观点的因果连锁理论等。

系统安全观点的事故因果连锁理论认为：系统中存在危险源是事故发生的根本原因，防止事故就是消除、控制系统中的危险源。第一类危险源：可能发生意外释放的能量或危险物质，这是事故发生的本质和根源；第二类危险源：可能导致能量或危险物质约束或限制措施破坏或失控的各种因素，这是事故发生的条件。

现代的安全理论认为：人的不安全行为或物的不安全状态是事故的直接原因；人的缺点是间接原因；管理失误是根本原因。预防控制事故首先要在管理上下功夫，从控制间接因素入手，来控制人的不安全行为和物的不安全状态，最终防止事故发生。

（三）预防事故发生的基本原则

1. 事故可以预防

在这种原则的基础上，分析事故发生的原因和过程，研究防止事故发生的理论及方法。

2. 防患于未然

事故隐患与后果存着偶然性关系，积极有效的预防办法是防患于未然。只有避免了事故隐患，才能避免事故造成的损失。

3. 根除可能的事故原因

事故与引发的原因是必然的关系。任何事故的出现，总是有原因的。事故与原因之间存在必然性的因果关系。为了使预防事故的措施有效，首先应当对事故进行全面的调查和分析，准确找出直接原因、间接原因以及根本原因。所以，有效的事故预防措施来源于深入的原因分析。

4. 全面治理的原则

这是指在引起事故的各种原因中，技术原因、教育原因以及管理原因是 3 种最重要的原因，必须全面考虑、缺一不可。预防这 3 种原因的相应对策分别是技术对策、教育对策及法制（或管理）对策。这是预防事故的 3 根支柱，发挥这 3 根支柱的作用，事故预防就可以取得满意的效果。如果只是片面地强调某一根支柱，事故预防就起不到应有的效果。

（四）防止人的失误与不安全行为

人的失误是指人的行为结果偏离了规定的目标，或超出了可接受的界限，并产生了不良的后果。人的不安全行为也是一种人的失误。

从预防事故的角度，可以从 3 个层次采取措施防止人的失误：

（1）控制、减少可能引起人的失误的各种因素，防止出现人的失误。

（2）在一旦发生了人的失误的场合，使人的失误不至于引起事故，使人的失误无害化。

（3）在人的失误引起了事故的情况下，限制事故发展，减小事故损失。

为防止人的失误可以采取技术、管理措施，主要包括采取更加先进的科学技术、防失误设计、制度管理、加强安全教育和训练。

(五) 安全技术措施

安全技术措施可以分为3类:

(1) 防止事故发生的安全技术，是指为了防止事故发生，采取的约束、限制能量或危险物质，防止其意外释放的技术措施。可以采取消除危险源、限制能量和隔离危险物质等措施。

(2) 避免和减少事故损失的安全技术，该类技术是在事故发生后，迅速控制局面，防止事故扩大，避免发生二次事故，从而减少事故造成的损失。常用的安全技术措施有个体防护、设置薄弱环节、避难与救援等。

(3) 故障—安全设计，系统、设备、设施的一部分发生故障或破坏时，在一定时间内也能保证安全的技术措施称为故障—安全设计。

二、井筒掘砌施工的一般安全技术措施

(一) 爆破管理措施

(1) 加强爆破管理，严格执行“一炮三检”和“三人连锁爆破”制度。瓦斯检查工必须检查迎头20 m范围内的CH_4浓度，瓦斯浓度超过1%时，严禁爆破。

(2) 爆破等30 min，待炮烟吹净后方可进入工作面。

(3) 爆破班队长、瓦斯检查工、爆破工必须检查迎头的CH_4浓度、煤尘，以及残炮拒爆等情况，发现问题立即处理。

(4) 严禁在残眼内继续打眼，发现拒爆及时处理。

(5) 严格执行火工品领退制度。

(6) 井下爆破必须由专职爆破工担任并持证上岗。

(7) 炮眼内发现异状如温度骤高、有显著CH_4涌出、煤岩松软等情况时，严禁装药爆破。

(8) 爆破工在接到命令后，应先发出警号，等5 s后方可爆破。

(9) 爆破前爆破母线及电雷管脚线必须扭结成短路状态，并将其悬挂，且不得与轨道、金属管、钢丝绳等导电体相接触，爆破电缆线必须单独悬挂。

(10) 通电不响时爆破工必须先摘掉母线，取下钥匙，并把母线扭成短路，等待15 min后才可沿线检查。

(二)“一通三防”措施

“一通三防”中“一通”是指通风，“三防”是指防治瓦斯、煤尘，以及防灭火。通风过程中应严格计算掘进工作面风量及合理选择风机，按相关规定合理布置风筒。

1. 防治瓦斯的措施

(1) 严格执行瓦斯检查制度，瓦斯检查员每班至少两次到工作面检查瓦斯，并及时了解工作面有害气体状况，爆破工要做到“一炮三检”做好记录，班组长利用便携式甲烷检测报警仪每2 h检查一次瓦斯浓度，坚决做到瓦斯浓度超限不作业。便携式甲烷检测报警仪按规定悬挂在工作面合适的地点。

(2) 掘进工作面风流中瓦斯浓度达到1%时，必须停止使用电气设备；爆破地点附近20 m以内风流中的瓦斯浓度达到1%时，严禁爆破；掘进工作面风流中瓦斯浓度达到1.5%时，必须停止工作，撤出人员，切断电源，进行处理；电动机或开关地点附近20 m

以内风流中瓦斯浓度达到1.5%时，必须停止运转，撤出人员，切断电源，进行处理；掘进工作面内，体积大于0.5 m^3 范围内积聚的瓦斯浓度达到2%时，附近20 m内，必须停止工作，撤出人员，切断电源，进行处理。

（3）严格执行炮眼布置、炮眼装填的相关规定。

（4）对发生冒落的地点，要及时采取充填或导风措施。防止有害气体积聚，并将处理结果记入专用记录本中备查。

（5）风筒吊挂垂直，不得漏风，逢环必挂，逢破必补，风筒口必须穿过吊盘，距迎头距离不超过10 m。

（6）严禁无计划停风。因检修、停电等原因停风时，必须撤出人员，切断电源。

（7）井下使用局部通风机时必须实行三专两闭锁。

2. 防尘措施

（1）坚持湿式作业：打眼必须采用湿式打眼；喷浆用的拌料使用潮料；出矸前矸石上洒水，且应洒潮洒透，减少二次产尘量。

（2）进行打眼、喷浆、爆破、出矸等产尘较大的作业工序时，必须开启喷水装置，并保证灭尘效果。

（3）加强个体防护，所有人员必须配带防尘口罩。

3. 防火措施

（1）入井人员严禁携带烟草和点火物品，严禁穿化纤衣服和戴电子表。

（2）加强电气设备及机械设备管理。电气设备着火时，应先切断电源，切断电源前，只准用不导电的灭火器材灭火。

（3）发生火灾时，视火灾性质、通风和瓦斯情况，利用水管和灭火器实施就地灭火，或采取一切可能的方法直接灭火，控制火势，并汇报矿调度，立即将除灭火人员以外的所有人员撤至地面。

（4）井下使用的汽油、煤油、润滑油必须装入盖严的铁桶内，由专人押运送至使用地点，剩余的汽油、煤油、润滑油必须运回地面，严禁在井下存放。

（5）电气开关保护整定值及电缆使用要符合技术要求和相关规定。

（三）机电安全措施

（1）所有设备安装后，经检测合格后方可使用。

（2）机房、车间按标准化管理，达标后方可使用。

（3）加强机电管理，各工种必须持证上岗，按章操作。

（4）迎头各种机电设备必须挂责任牌，落实到人；按维修制度定期检查维修、杜绝失爆，保护齐全，电缆吊挂整齐，开关上架并保持清洁。

（5）不得带电检修和搬迁设备，严禁非机电人员拆卸机电设备。

（6）因检修等原因停电时，必须挂停电牌，将开关打至停位，严禁带电作业。

（四）井筒提升、防坠安全技术措施

（1）加强对吊挂系统的检查，对提升容器、连接装置、天轮、钢丝绳及提升各部位等要有专人负责，定期检查。井筒施工时保证各通信设备准确无误。绞车房要做好施工标高位置标识，避免蹲罐及过卷事故发生。

（2）井口及井上、下各盘孔要封闭严密；井口及井壁上的悬浮杂物要清理干净以免坠物伤人，设专人清理。

（3）吊桶上、下人员时，要戴好保险带，上、下罐时不准乱抢、乱跳；下放材料或爆破物品，不准与人员混装；下放长料时，一定要捆牢绑紧；下放重物构件时，每班要有专人负责，检查绳扣连接是否牢固，悬挂是否正确，确保安全可靠。

（4）每日对井口，井上、下各盘孔及稳车、绞车进行检查，发现隐患及时处理。

（5）在天轮平台、翻矸台、封口盘、吊盘、井筒工作时，携带小型材料、工具，要装入工具袋内，使用时要用绳系在手腕上以防掉下，并佩戴保险带。

（6）安全帽要系带，衣袋不准装有硬币和其他硬质物品，使用的工具和物件要拴好以防坠落。

（7）在天轮平台、翻矸台工作时，工作点下方 10 m 内，不准有人，并将井盖门关闭；各悬吊孔密封，并设人监护。

（8）在封口盘上延接管路时，必须将井盖门关闭，将工作点的孔口密封。工作时不准戴手套，使用的工具系绳拴在手腕或拴在固定点上。

（9）在吊盘或吊盘以上井筒部位工作时，工作面的人员必须全部撤出至地面。

（10）在上述地点工作完毕后，工作人员必须认真清点工具、材料，检查有无工具、材料、杂物遗留在工作地点，并进行清理。

（11）延接或拆除管线时，必须拉住电缆，使其随管路的速度升降，不准无牵引地任其升降，当拆除最后一道卡子时，必须先将电缆生根，然后再解除卡子。

（12）升降物料、设备时，捆绑和起吊绳索要符合安全规定，物料、设备吊起距地面 500 mm 时，停钩检查牢固情况，清除黏结杂物，确认无误后再行走钩。

（13）封口盘、吊盘、天轮平台要经常保持干净、无杂物，每班必须进行检查和清扫。

（14）封口盘、翻矸台和各孔 5 m 以内，严禁存放物料。

（15）天轮平台、吊盘的边缘、井盖门、翻矸孔，必须设围栏，其围栏底部要有围板。

（16）各盘的孔口不工作时要密封，井盖门打开时，不准撤掉围栏或在附近传送物品。

（17）爆破后及时清理吊盘和大模上的矸石、杂物，防止坠物伤人。

（五）灾害预防

（1）应针对灾害有专门的应急救灾预案。

（2）成立抢险救灾组织机构，加强施工人员的抗灾知识培训及自救、互救、抗险演练。

（3）加强防火，材料库、木厂等各车间及职工宿舍要配备灭火器材。

（4）冬季施工时在井口周围采取防冻、防滑措施。

（5）掌握当地的水文资料，了解历史最高水位，编制雨季施工防洪措施，配备足够的防洪材料，如铁锹、木桩、运输通信工具、排水泵等。遇到洪水突发紧急动员抗洪救灾，重点防止井筒、变电所、绞车房等重要部位和设施被淹。

（6）井筒基岩段施工时，加强对水文地质资料的分析，做到有疑必探、有水必注、先探后掘。

（7）大型临时工程按当地地震烈度进行抗震设计，并有避雷接地。

（8）防片帮应急措施。井筒施工期间，备足井圈、背板，当发生片帮时及时加强支护。

（9）加强过煤层地段的瓦斯监控，项目部配备自救器等相关防护措施，对员工进行瓦斯防治教育，提高防范意识。

（10）风沙及恶劣天气预防：①认真做好预防工作，设备基础应坚硬、平整，井架等设施安装要符合相关要求且安装避雷装置。②坚持了解每天的天气预报情况，以便采取预防措施，遇有恶劣天气应停止施工，特别是井架上不准有施工人员。对房屋等大型临时设施做加固处理。③施工人员不准一人单独外出，项目部要保持通信畅通，每天要按时汇报工程进展情况及安全质量情况。④遇有恶劣天气，车辆严禁外出，避免发生交通事故。

三、灾害事故的预兆

1. 透水预兆

掘进工作面或其他地点发现有挂红、挂汗、空气变冷、出现雾气、水叫、淋水加大、帮部来压、底鼓或产生裂隙发生渗水、水色发浑、有臭味等突水预兆时，必须停止作业，采取措施，并报告矿井调度室，发出警报，撤出井下所有作业人员。

2. 煤与瓦斯突出预兆

煤与瓦斯突出是煤矿生产中的一种动力现象，它是在地应力、瓦斯压力的共同作用下，在极短时间内，破碎的煤、岩和瓦斯由煤体或岩体内突然向采掘空间大量抛出的异常动力现象。立井施工探揭煤期间，一旦发生煤与瓦斯突出，大量煤岩固体物和瓦斯即以极快的速度喷出，巨大的冲击力不仅会破坏井筒内的设施和装备，冲出的煤岩还会堵塞井筒、埋压人员和阻绝人员撤出。同时，通风系统遭严重破坏，可使井下人员窒息死亡，突出的瓦斯遇火还可能引发瓦斯爆炸、燃烧，造成井毁人亡的特大灾害事故。

多数煤与瓦斯突出发生前，都会出现各种不同的有声或无声的预兆。

1）声响预兆

如煤体发出的闷雷声、爆竹声、机枪声、嗡嗡声，这些由煤体内部发出的声响在突出煤层开采过程中统称为响煤炮。一般在施工预测钻孔和措施效果检验钻孔时发生响煤炮预兆。

2）瓦斯预兆

瓦斯预兆有瓦斯忽大忽小、打钻喷孔及发出哨声、蜂鸣声等。

3）煤体结构预兆

煤体结构预兆有层理紊乱、煤体干燥、煤体松软、色泽变暗而无光泽、煤层产状急剧变化、煤层波状隆起，以及层理逆转等。

4）矿压预兆

矿压预兆有帮部来压、工作面底鼓、钻孔顶钻夹钻、钻孔变形，以及炮眼无法装药等。

5）其他预兆

其他预兆有工作面温度降低、煤体发凉、特殊气味等。

四、井筒工作面发生事故时的自救和互救

1. 自救、互救的意义

为了确保自救和互救有效，最大限度地减小损失，每个入井人员都必须熟悉所在矿井

的灾害预防和处理计划；熟悉矿井的避灾路线和安全出口；掌握避灾方法，会使用自救器；掌握抢救伤员的基本方法及现场急救的操作技术。

2. 自救、互救的原则

矿井发生灾害事故时，工作人员采取积极措施，能有效地保护灾区人员的自身安全和控制灾情的扩大。井筒工作面发生安全事故时应按照下列原则进行自救和互救。

1）及时报告灾情

发生灾变事故后，施工迎头工作人员应迅速用最近处的电话或其他方式向调度室汇报，并迅速向事故可能波及的区域发出警报，使其他工作人员尽快知道灾情。

2）积极抢救

灾害事故发生后，处于灾区内以及受威胁区域的人员，应沉着冷静。根据灾情和现场条件，在保证自身安全的前提下，采取积极有效的方法和措施，及时投入现场抢救，将事故消灭在初始阶段或控制在最小范围内，最大限度地减少事故造成的损失。

抢救伤员应遵循“三先三后”的原则，对窒息或心跳呼吸停止不久的伤员必须先复苏后搬运；对出血伤员必须先止血后搬运；对骨折伤员必须先固定后搬运。在抢救时，必须保持统一的指挥和严密的组织，严禁冒险蛮干和惊慌失措，严禁各行其是和单独行动，要提高警惕，避免中毒、窒息、爆炸、触电、二次突出等再生事故的发生。

3）安全撤离

当受灾井筒工作面不具备事故抢救的条件，如发生瓦斯突出或突水，可能危及人员的安全时，应由在场负责人组织人员有秩序地乘坐吊桶或安全梯迅速离开工作面。

4）妥善避灾

如无法撤退，应迅速进入预先构筑好的或临时避难硐室，妥善避灾，等待救援，切忌盲动。

3. 各类灾害事故的自救与互救措施

1）立井施工井下发生瓦斯煤尘爆炸事故时的自救和互救

立井探、揭、过突出煤层期间，应该要求井下吊盘上设置一组压风自救装置，工作面设置两组压风自救装置，每组压风自救装置可供 5 ~ 8 人使用，平均每人的压缩空气供给量不少于 0.1 m^3/min。当发生瓦斯煤尘事故时，人员应根据现场情况，及时利用压风自救装置进行呼吸或佩戴好自救器，乘吊桶（或爬安全梯）迅速撤离工作面至地面。

2）立井施工煤与瓦斯突出时的自救与互救

发现突出预兆或发生突出时，若吊桶处在井底工作面，井下人员应立即乘吊桶升井，撤离中快速佩戴好自救器。

发现突出预兆或发生突出时，若吊桶未处在井底工作面，应立即呼叫吊桶至工作面，此时井下人员立即爬软梯至吊盘，到吊盘后，快速佩戴好自救器，如果自救器发生故障，可利用吊盘上设置的压风自救装置进行呼吸，等待吊桶下来后，人员乘吊桶迅速升井。若无法正常升井，井下人员佩戴好自救器后，可爬安全梯升井。

总之发现突出预兆或发生突出时，井下领导要及时汇报地面调度室并组织人员快速升井，撤离中快速佩戴好自救器。若人员无法升井，根据现场情况，在吊盘上临时搭建避难硐室，等待救援。

3）井筒火灾事故时的自救与互救

发生火灾时，视火灾性质、通风和瓦斯情况，利用水管和灭火器实施就地灭火，或采取一切可能的方法直接灭火，控制火势，并汇报调度，立即将除灭火人员以外的所有人员撤至地面。如火势非常大，难以有效控制，应先把所有人员撤离，再采取相应的灭火措施。撤退时，应迅速戴好自救器，不要惊慌。应在现场负责人及有经验的老工人的带领下有组织地撤退，人与人之间要互相照应，互相帮助，团结友爱。在浓烟的井筒中撤退时还应注意利用水浸湿毛巾、衣物或向身上淋水等办法进行降温，改善自己的感觉，或利用随身物件等遮挡头面部，以防烟气刺激。

4）透水事故时的自救与互救

透水后，应在可能的情况下迅速观察和判断透水的位置、涌水量、发生原因、危害程度等情况，及时汇报调度室，根据灾害预防和处理计划，迅速撤退到吊盘或地面。

5）片帮事故时的自救与互救

掘进工作面片帮时，现场人员不可惊慌，应按照下述方法认真抢救，并派人立即通知调度室。

抢救时，应认真观察帮部情况，如发现帮部有再次片帮的情况时，应采取措施，打好临时支柱，维护并清理好安全退路，防止抢救人时再次片帮伤人。在保证安全的情况下，小心地把大块矸石搬开，无法搬开时，可用撬杠、千斤顶等工具将大块矸石抬起来用木柱撑牢，再将人员救出，不可用镐刨或铁锤砸打。被救出的人员有外伤时，应先抬到安全地点，脱掉或剪开衣服，先止血，缠上绷带，再升井治疗。如救出的人受伤较重或有骨折，只要情况允许要按骨折伤员处理，先包扎固定，然后正确搬运送医院治疗。如果所救的人员已经失去知觉，或停止了呼吸但时间不长，可将其放平躺下，解开衣服和腰带，进行人工呼吸。

第二节　工程质量事故的处理

一、工程质量事故的类别

1. 按照生产安全事故造成的损失程度分类

（1）特别重大事故，是指造成30人以上死亡，或者100人以上重伤，或1亿元以上直接经济损失的事故。

（2）重大事故，是指造成10人以上30人以下死亡，或者50人以上100人以下重伤，或者5000万元以上1亿元以下直接经济损失的事故。

（3）较大事故，是指造成3人以上10人以下死亡，或者10人以上50人以下重伤，或者1000万元以上5000万元以下直接经济损失的事故。

（4）一般事故，是指造成3人以下死亡，或者10人以下重伤，或者1000万元以下直接经济损失的事故。

2. 按事故责任分类

（1）指导责任事故，是指由于工程指导或领导失误而造成的质量事故。

（2）操作责任事故，是指在施工中，由于操作者不按规程和标准实施操作，而造成的质量事故。

（3）自然灾害事故，是指由于突发的严重自然灾害等不可抗力造成的质量事故。

3. 按质量事故产生的原因分类

（1）技术原因引发的质量事故，是指在工程项目实施中由于设计、施工在技术上的失误而造成的质量事故。

（2）管理原因引发的质量事故，是指在管理上不完善或失误引发的质量事故。

（3）社会、经济原因引发的质量事故，是指由于经济因素及社会上存在的弊端和不正之风导致建设中的错误行为。

（4）其他原因引发的质量事故，是指由于其他人为事故（如设备事故、安全事故等）或严重的自然灾害等不可抗力的原因，导致连带发生的质量事故。

二、工程质量事故的预防

工程质量事故的预防主要是从管理方面着手，严格进行工程勘察测量，严格审查图纸，严把工程材料质量关，严格按照操作规范进行施工。

1. 严格按照基本建设程序办事

首先做好可行性论证，不可未经深入的调查分析和严格的论证就盲目地拍板定案，要彻底搞清工程地质水文条件方可开工；杜绝无证设计、无图施工；禁止任意修改设计和不按照图纸施工。

2. 认真做好工程地质勘查

地质勘查时要适当布置钻孔位置和设定钻孔深度，地质勘查报告必须详细、准确，防止因根据不符合实际情况的地质资料而采取错误的基础方案。

3. 进行必要的设计审查复核

要请具有合格专业资质的审图机构对施工图进行审查复核，防止因设计考虑不周、结构构造不合理、设计计算错误等原因导致质量事故的发生。

4. 严格把好建筑材料及制品的质量关

要从采购订货、进场验收、质量复检、存储和使用等几个环节，严格控制建筑材料及制品的质量，防止不合格或者变质、损坏的材料和制品用到工程上。

5. 对施工人员进行必要的技术培训

要通过技术培训使施工人员掌握基本的施工知识，懂得遵守施工验收规范对保证工程质量的重要性，从而在施工中自觉遵守操作规程，不蛮干、不违章操作、不偷工减料。

6. 加强对施工过程的管理

施工人员首先要熟悉图纸，对工程的难点和关键程序、关键部位编制专项施工方案并严格执行，施工中必须严格按照图纸和施工验收规范、操作过程进行；技术组织措施要正确；施工顺序不可搞错，构件和材料要严格按照制度进行质量检查和验收。

7. 做好应对不利施工条件和各种灾害的预案

要根据当地气象资料的分析和预测，事先针对可能出现的不利施工条件，制定相应的施工技术措施，还要对不可预见的人为事故和严重自然灾害事故做好应急救援预案，并有相应的人力、物力储备。

8. 加强施工安全与环境管理

许多施工安全和环境事故都会连带发生质量事故，加强施工安全与环境管理，也是预防施工质量事故的重要措施。

三、施工质量事故的处理

施工质量事故处理的基本方法有修补处理、加固处理、返工处理、限制使用和不作处理等5种。

1. 修补处理

当工程某些部分的质量达到规范、标准或设计的要求，还存在一定缺陷，但经过修补后可以达到要求的质量标准，不影响使用功能和外观的要求时，可采取修补处理的方法。

2. 加固处理

加固处理是主要针对危及承载力的质量缺陷的处理。通过对缺陷的加固处理，使建筑结构恢复或提高承载力，重新满足结构安全性与可靠性的要求，使结构能继续使用或改作其他用途。

3. 返工处理

当工程质量缺陷经过修补处理后仍不能满足规定的质量要求时，或者不具备补救的可能性，则必须采取返工处理。

4. 限制使用

当工程质量缺陷按照修补的方法处理后无法保证达到规定的使用要求和安全要求而又无法返工处理的情况下，不得已时可作诸如结构卸荷或者减荷，以及限制使用等决定。

5. 不作处理

某些工程质量虽然达不到规定的要求或标准，但其情况不严重，对工程或结构的使用及安全影响很小，经过分析、论证、法定检测单位鉴定和设计单位等认可后可不作处理，有以下几种情况：

（1）不影响结构安全、生产工艺和使用要求的。

（2）后续工序可以弥补的质量缺陷。

（3）法定检测单位鉴定合格的。

（4）出现的质量缺陷，经过检测鉴定达不到设计要求，但经原设计单位核算，仍能满足结构安全和使用功能的。

（5）出现质量事故的工程，通过分析和实践，采取上述处理方法后仍不能满足规定的质量要求或标准，则必须予以报废处理。

第三节 井筒掘砌施工方式

一、井筒施工作业方式

根据掘进、砌壁工作在时间和空间上的不同安排方式，立井井筒施工方式可分为掘、砌单行作业，掘、砌平行作业和掘、砌混合作业。

1. 掘、砌单行作业

井筒施工时，将井筒划分为若干段高，自上而下逐段施工。在同一段高内，按照掘、砌先后顺序交替作业称为单行作业。由于掘进段高不同，单行作业又分为长段单行作业和短段单行作业。

长段单行作业是在规定的段高内，先自上而下掘进井筒，同时进行锚喷或挂圈背板临时支护，待掘进至设计的井段高度时，即由下而上砌筑永久井壁，直至完成全部井筒工程。而短段掘、砌单行作业则是在2~4 m（应与模板高度一致）较小的段高内，掘进后即进行永久支护，不用临时支护。为便于施工，爆破后，矸石暂不全部清除。砌壁时，立模、稳模和浇灌混凝土工作都在浮矸上进行，如图6-1所示。

井筒采用锚喷作为永久支护时，采用短段掘、砌施工作业方式可实现短掘、短喷单行作业，这种作业用喷射混凝土代替现浇混凝土井壁，喷射段高一般为2 m左右。

2. 掘、砌平行作业

掘、砌平行作业也有长段平行作业和短段平行作业之分。长段平行作业，是在工作面进行掘进作业和临时支护，而上段则由吊盘自下而上进行砌壁作业，如图6-2所示。这种作业方式与单行作业方式相比，其最大的区别在于井筒施工装备复杂，设备用量多，施

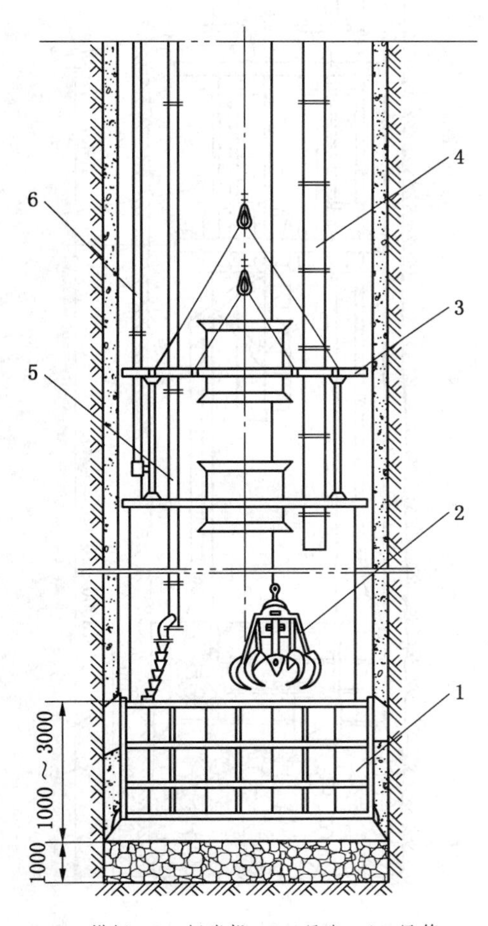

1—模板；2—抓岩机；3—吊盘；4—风筒；5—混凝土输送管；6—压风管

图6-1 井筒短段掘、砌单行作业示意图

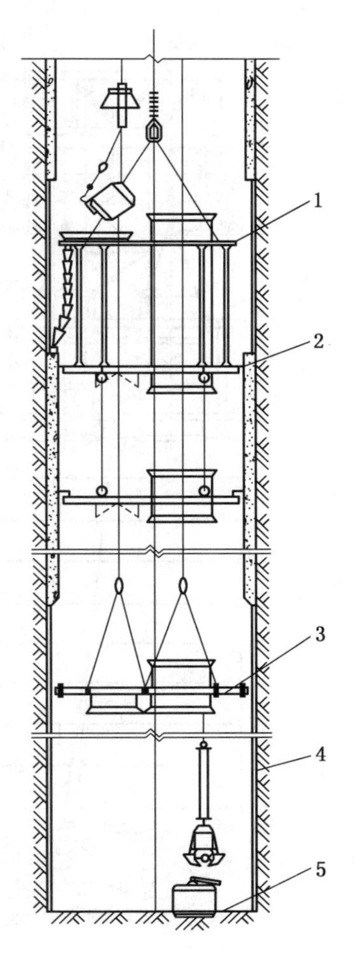

1—砌壁吊盘；2—井壁；3—稳绳盘；4—锚喷临时支护；5—掘进工作面

图6-2 井筒长段掘、砌平行作业示意图

工安全管理要求严格，围岩暴露时间长，不利于安全生产。目前，立井施工的成井速度主要取决于井底工作面的掘进和出矸速度。采用掘、砌平行作业时，由于提升矸石的吊桶在通过稳绳盘和砌壁吊盘时必须减速，另外受井筒断面的限制，吊桶和抓岩机的大小受到了很大限制，从而降低了排矸能力，限制了立井掘进速度的提高。

短段掘、砌平行作业，掘、砌工作也是自上而下，并同时进行施工的。掘进工作在掩护筒或锚喷临时支护保护下进行。砌壁是在多层吊盘上自上而下逐段浇灌混凝土，每浇灌完一段井壁，将砌壁托盘下放到下一水平，把模板打开，并稳放到已安好的砌壁托盘上，即可进行下一段的混凝土浇灌工作，如图 6－3 所示。这种作业方式不受井筒深度和断面大小的制约，砌壁与掘进作业平行施工程度高。这种施工工艺的缺点是必须设置一个结构坚固的重型吊盘，以满足重型抓岩机的挂设和高空浇筑混凝土永久井壁的需要。

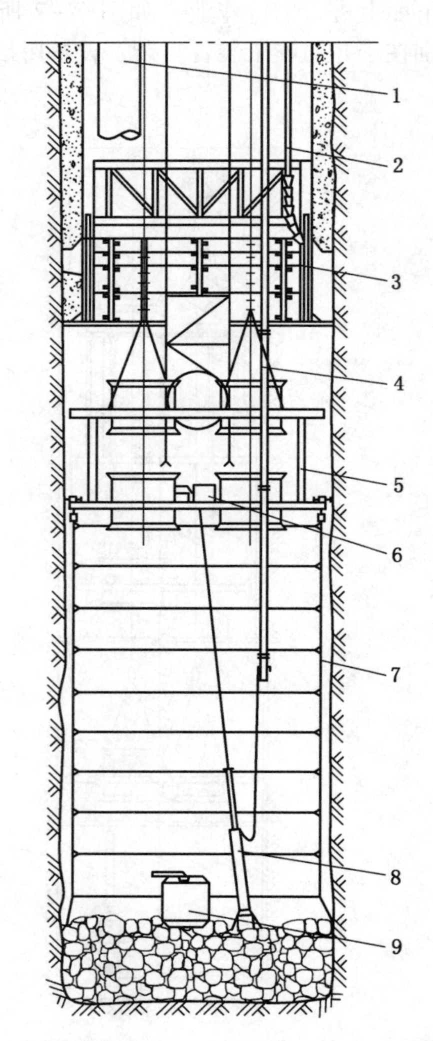

1—风筒；2—混凝土输送管；3—模板；4—压风管；5—吊盘；6—气动绞车；7—金属掩护网；8—抓岩机；9—吊桶

图 6－3　井筒短段掘、砌平行作业示意图

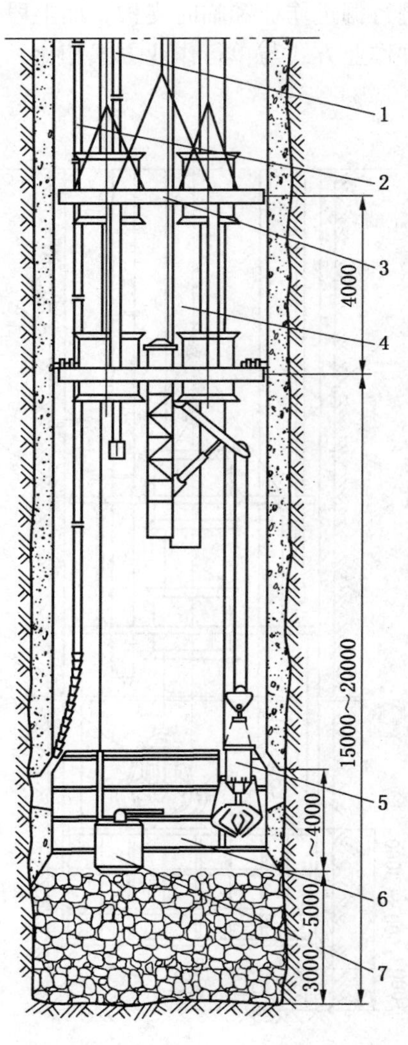

1—压风管；2—输料管；3—吊盘；4—风筒；5—抓岩机；6—模板；7—吊桶

图 6－4　掘、砌混合作业示意图

3. 掘、砌混合作业

井筒掘、砌工序在时间上有部分平行时称为混合作业。混合作业和短段单行作业的主要区别在于：短段单行作业时，掘、砌工序顺序进行，而混合作业是在向模板浇灌混凝土达1 m高左右时，在继续浇筑混凝土的同时，即可装岩出渣。待井壁浇筑完成后，作业面上的掘进工作又转为单独进行，依此往复循环，如图6－4所示。掘、砌混合作业一般都需要采用较高的整体伸缩式活动模板，一般大于3 m，这样才能在模板浇筑混凝土到一定高度（约1 m）后与掘进装岩实施平行作业。这种方式适合于较广泛的围岩条件，机械化程度高，成井速度快，在一定程度上避免了单行作业和平行作业的缺点，在目前的立井施工中有较广泛的应用。

二、正规循环作业

正规循环作业是立井快速施工的一种科学管理方法，是取得立井快速、优质等各项凿井指标的重要因素之一。

在立井施工循环图表中，应尽量使辅助工序平行作业，提高单位时间施工效率，缩短单位循环时间。例如，立模与混凝土搅拌准备平行，清理吊盘与下放抓岩机平行，出矸与伞钻下井准备平行等。为实现良好的平行作业，必须加强正规循环各个环节的时间控制，施工人员应团结协作，紧密配合，共同努力，保证在规定时间完成规定任务。

编制正规循环图表，必须首先调查好基础信息，如井筒技术特征、人员技术水平、施工工艺要求、质量安全保证措施、机械化水平、月进尺要求、测定各工序完成需要的时间等。

当出现实际情况与图表要求有较大差异时，应及时查找原因，采取措施。当最初编制正规循环图表所采集的基础信息发生变化时，应及时更新调整循环图表。

坚持正规循环，能够有力地保证施工进度计划的完成，为施工组织管理人员提供科学可靠的管理依据，提高操作人员的工作效率。

第四节　井筒穿越特殊地层时的安全技术措施

在立井井筒施工过程中，经常会遇到一些特殊的施工地层，如冻结膨胀黏土层、冻结风化基岩层、含水层、断层破碎带、煤层、含水层等，如何安全顺利地通过这些特殊地层，就需要采取一些特殊的施工方法。

一、冻结膨胀黏土层

冻结法凿井是目前在不稳定的含水土层中最常用的特殊施工方法，该方法是在井筒掘进之前，用人工制冷的方法，将井筒周围的不稳定含水层、土层冻结，形成封闭的冻土结构物——冻结壁，隔绝冻结壁内、外地下水的联系，以防止水或流砂涌入井筒并抵抗地压，然后在冻结壁的保护下进行井筒掘、砌。但在含水土层的中、下部往往夹含深厚钙质黏土层，钙质黏土以乳白色、紫红色、浅绿色为主，具有黏结性和可塑性，遇水膨胀。由于钙质黏土具有膨胀性，在井筒施工过程中会造成井帮位移、片帮、冻结管断裂等情况发生，严重时还会造成浇筑好的混凝土井壁出现裂痕、断裂破坏。

为防止井筒施工中出现以上情况，确保工程质量和安全，必须采取一些特殊的防范措施：

（1）采取信息化手段，提前预测深厚黏土层井帮温度，加强冻结，保证过深厚黏土层时井帮温度不高于－10 ℃，确保冻结壁自身强度。

（2）及时对冻结壁位移情况进行观测，根据冻结壁位移情况，改用小段高掘、砌，段高控制在2.5 m以内。

（3）超前先挖井筒中心部分，然后呈台阶式向四周均匀对称开帮。开帮到设计尺寸后在井帮周围均匀开挖竖向卸压沟槽，沟槽间距控制在500～1000 mm，沟槽深、宽200 mm左右。

（4）掘进时井帮遇到异物要剔除，确保不因异物挤占空间致使混凝土井壁厚度不够，影响施工质量。

（5）加厚铺设泡沫板，保证铺设质量，以缓解冻土膨胀压力。

（6）提高过黏土段混凝土支护强度，加入抗冻早强剂，提高混凝土的早期强度，以抵抗冻土膨胀压力。

（7）加强劳动组织，提高施工效率。缩短冻土井帮暴露时间，减少位移量。每段高施工循环时间控制在20 h以内，以缩短黏土暴露时间，减少黏土膨胀量确保冻结管安全。

一旦出现井帮位移、片帮、冻结管断裂、浇筑好的混凝土井壁出现裂痕、断裂破坏等情况要及时采取补救措施。

冻结管断裂是冻结凿井施工中经常发生的事故，发生事故后要及时处理。判定断管发生常见的现象有：

（1）工作面底鼓量大，井帮位移量增大。

（2）迎头空气温度下降明显。

（3）井帮或井壁出盐水，盐水味道苦涩而浑浊。

（4）冻结站盐水箱内盐水水位下降明显，报警器报警。

（5）冻结沟槽内，盐水流动的声音明显，有咚咚的响声。

（6）断裂的冻结管头部塑料管受大气压作用而变形。

发现冻结管断裂后采取的应急措施有：

（1）确认发生断管后，应立即关闭盐水总输出阀门，停止向井筒冻结管道输送盐水。

（2）井筒施工停止掘、砌，撤出施工人员。

（3）在冻结沟槽内，找出断管，关闭断管盐水循环。

（4）以最快的速度清理完工作面泄漏的盐水，以防止其融化冻结壁，造成更大的损坏。

（5）分析断管是否影响井筒施工安全。

（6）采取有效措施后，再恢复冻结。

（7）分析该冻结管发生断裂的原因，推断哪些冻结管还会断裂，采取有针对性的防范措施。

（8）积极处理断管，采用套管方法，尽快恢复冻结，以保证冻结圈、冻结壁的稳定性。

井壁出现裂痕、断裂破坏要采取以下措施进行修补：

（1）对破坏井壁进行增加金属槽钢井圈支护。

（2）套内壁时提高井壁破坏段混凝土支护强度。

（3）施工现场备足材料，井壁破坏严重时可提前套内壁。

（4）加强监测，待冻结壁化冻后及时进行壁间注浆加固。

二、冻结风化基岩段施工

井筒冻结基岩段掘进具有和其他地层掘进截然不同的特点，如围岩稳定性差、裂隙发育、富含水、井壁四周布置有冻结管路等。现有的掘进方法一般有风镐挖掘、挖掘机挖掘和爆破掘进等。这些方法中，爆破掘进具有明显的优势。据统计，爆破掘进速度是抓岩机挖掘速度的4倍，因此井筒冻结基岩段快速施工技术的研究应主要放在冻结基岩段爆破掘进技术参数的选择上。选择技术参数的原则是首先必须保证围岩稳定性和冻结管路的安全，其次才是爆破效率的提高。这些在《煤矿安全规程》和《矿井施工验收规范》中都有明确规定。为满足这些要求，常规做法是打浅眼放小炮和局部爆破等方法，这些常规做法爆破效率很低，不能满足快速掘进的要求。现阶段常用中深孔爆破通过冻结风化基岩段，通过对爆破工艺和爆破参数的调整，不但保证了围岩稳定性和冻结管路安全的需要，而且爆破效率得到了较大程度的提高，取得了良好效果。

冻结段钻眼爆破的施工技术措施要点有布眼和钻眼、装药和连线、配套措施等。

1. 布眼和钻眼

（1）净底工作要彻底，工作面应找平，浮土、浮石应清理干净。

（2）要精确确定井筒中心位置和轮廓线。

（3）严格按照爆破图表要求打眼，掏槽眼和周边眼务必按眼位打眼，炮眼深度要达到设计要求，终孔不能超过荒径。

（4）掏槽眼应深于其他炮眼200 mm。

（5）钻眼时，钻进过程不能停止，一旦停止要立即拔出钻杆，否则冻住很难处理；炮眼打好后，应立即用木炮橛将炮眼塞上。

（6）根据冻结管偏斜图，严格控制周边眼的倾角，确保周边眼与相邻冻结管的距离大于1.2 m，并不能使炮眼向冻结管方向偏斜，对偏斜冻结管在井筒井壁上用红漆标记明显。

2. 装药和连线

（1）雷管必须逐发检查，发现有问题的不得使用。

（2）装药前必须切断井筒一切电源。

（3）按规范和措施要求制作炮头。

（4）做好扫眼工作，没有扫的炮眼严禁装药，保证装药到眼底。

（5）所有炮眼均采取反向装药结构装药，各圈雷管段别要符合图表要求，严禁混装。

（6）由于装药量少，爆破眼痕率较大，且炮后围岩松动性小，为避免因欠挖而用风镐刷帮的困难，周边眼布置距不得大于200 mm。

（7）炮眼封堵质量符合要求，掏槽眼、崩落眼封堵长度不得小于1000 mm，周边眼封堵长度不得小于1200 mm。

（8）严禁雷管漏连接或连接不牢，爆破母线与爆破电缆应连接牢固。

（9）装药由爆破工和爆破助手操作，连线只能由爆破工一人操作。

（10）爆破前要打开井盖门，所有人员撤到井口 20 m 以外，吊盘及各悬吊设备必须提升至距工作面 30 m 高度以上。

（11）爆破前要书面通知冻结单位停止盐水循环。

（12）爆破后与冻结单位人员一起下井检查，确认冻结管无损坏时，方可恢复盐水循环。出矸过程中，要认真查看井帮情况，发现有出水或出现黄色水迹，应立即通知冻结单位，关闭有关冻结管并检查。

三、断层破碎带施工

断层破碎带是井筒施工中常见的一种地质现象，如认识不够，施工不当，常会造成大面积片帮，严重时还会导致抽帮情况发生，破坏井壁。这不仅给井筒施工带来极大困难，而且延误工期、耗费资金，并且给井筒的施工安全带来隐患。因此断层破碎带的施工必须制定安全、稳妥的施工方案，采取积极有效的施工措施，切忌盲目冒进。

1. 断层破碎带

断层破碎带是由于断层两盘相对滑动而使两侧岩层被错断挤压破碎，形成一个长条状与断层面方向基本一致的岩层破碎带。破碎带的宽度与岩性、断距及断层性质有关。破碎带中的岩石受断裂作用形成构造岩，按其破碎程度不同，构造岩有构造角砾岩、磨砾岩、糜棱岩和断层泥。

2. 断层的影响

断层将原本完整的矿床、矿体或煤层分为若干断块，给矿井掘进、运输、巷道维护及开采带来了许多困难。断层附近岩石一般较破碎，给支护工作带来了较大困难；含水层和地表水易通过断层涌入井下，造成矿井涌水量增加，加大突水危险；井田内存在大断层，必然增加岩石巷道的工程量；我国许多矿井常以大断层为井田边界；中小型断层往往限制采区或盘区的划分，影响巷道布置，增加巷道掘进工程量，影响机械化设备充分发挥作用和高产高效开采；断层两侧往往要保留矿柱，增加了矿体损失。

井筒穿过断层地段，施工难度主要取决于断层的性质、断层破碎带的宽度、填充物、含水性和断层活动性，以及井筒和断层构造线方向的组合关系。

3. 断层破碎带综合处治措施

1）断层的超前预报

对井筒施工来说，断层的超前预报是一项基础性的、很重要的工作。断层的主要预测方法如下：

（1）传统地质法。传统地质法即工程地质法，根据地质资料结合实际地质素描，进行初步的地质分析。断层带在井筒中有一定的延伸长度，断层的出现也有一个由小到大的过程，若井筒局部围岩破碎、岩质较差，且围岩软硬分界明显，应小心对待，可根据岩层的走向、倾角等预测前方可能出现的断层破碎带。在实际凿岩作业中，若钻速突然加快，岩性有异常变化时，则肯定存在明显的软硬岩层分界面，应探明情况并及时采取相应措施。

（2）地质钻孔。井筒设计前施工地质钻孔，根据岩芯和钻进过程中的岩粉、钻速和水质情况，判断水文、地质条件；取岩芯，并利用岩芯作试样进行试验，对钻进的地质状态进行判断；钻速测试，根据钻机在岩石中的钻进速度和岩石特性之间的关系来判断。另外较先进的预测手段还包括地质雷达、地质超前预报系统等。

2）断层带的合理施工方法

断层施工应遵循“小段高、弱爆破、强支护、紧封闭、勤量测”的基本原则，其施工方法立足于稳、准、快。稳，即稳扎稳打，步步为营，各工序间环环相扣，协调统一；准，即施工方法得当，安全优质；快，即速度快，快挖、快护、快封闭。

小段高，为减少爆破开挖对围岩的扰动，避免大面积片帮，每次爆破进尺应控制在3 m以内，掘砌段高控制在2.5 m。

弱爆破，当遇断层地段时，应严格控制炮眼的数量、深度及装药量，尽量减少爆破对围岩的震动。当采用光面爆破时，周边眼间距应控制在300～400 mm，周边眼最小抵抗线控制在650～700 mm。

强支护，对暴露的岩面及时初喷一层混凝土，厚度为50～80 mm，及时封闭围岩面。喷射混凝土后及时施工锚杆，间排距为700～900 mm，梅花形布置。增加混凝土中的钢筋，提高混凝土支护等级；加强振捣，确保混凝土质量。

紧封闭，通过断层带的各支护方式的间隔应尽量缩短，初期支护要紧跟迎头，以减少围岩的暴露时间。

勤量测，施工过程中应加大监控观察力度，随时注意观察洞内围岩的受力及变形情况，检查支护结构是否发生了较大变形，混凝土喷层有无剥落等，并将信息及时反馈到施工现场，必要时对支护参数作相应调整，以保证施工安全。

四、揭煤作业

1. 揭煤作业的概念

《防治煤与瓦斯突出规定》第六十二条规定，石门和立井、斜井工作面从距突出煤层底（顶）板的最小法向距离5 m开始到穿过煤层进入顶（底）板2 m（最小法向距离）的过程均属于揭煤作业。

2. 揭煤作业应采取的防治煤与瓦斯突出的措施

《防治煤与瓦斯突出规定》第三十八条规定，经评估为有突出危险煤层的新建矿井建井期间，以及突出煤层经开拓前区域预测为突出危险区的新水平、新采区开拓过程中的所有揭煤作业，必须采取区域综合防突措施并达到要求指标。经开拓前区域预测为无突出危险区的煤层进行新水平、新采区开拓、准备过程中的所有揭煤作业应当采取局部综合防突措施。

高瓦斯矿井各煤层和突出矿井的非突出煤层在开拓工程掘进过程中，应当密切观察突出预兆，并在开拓工程首次揭穿这些煤层时执行立井揭煤工作面的局部综合防突措施。

3. 立井井筒揭煤作业的基本步骤

施工至距所揭煤层法向距离10 m（地质构造复杂、岩石破碎的区域法向距离20 m）前至少施工两个穿透煤层全厚且进入底板不小于0.5 m的前探钻孔，其中一个前探钻孔沿揭煤正前方布置。

若所揭煤层有突出危险，施工至距所揭煤层法向距离7 m前，执行区域防突措施，施工措施孔。措施孔在控制范围内均匀布置，抽采孔孔数和孔底间距按钻孔有效抽采半径

1.5 m 进行设计，钻孔一次穿透全煤并进入底板 0.5 m 以上。措施孔预抽率达 45% 以上后，进行区域防突措施效果检验，在预抽区域的上部、中部和两侧至少布置 4 个检测点，测定残余瓦斯压力和残余瓦斯含量，其中一个检验点布置于预抽区域内距边缘不大于 2 m 的范围内。区域防突措施效果检验合格后方可继续施工，否则必须补充措施或延长抽采时间，直至检验有效。所揭煤层无突出危险可不采取区域防突措施。

施工至距所揭煤层法向距离 5 m 前（地质构造复杂、岩石破碎的区域法向距离 7 m），采用综合指标法和钻屑瓦斯解析指标法进行区域验证。经预测无突出危险后采取揭煤作业的局部防突措施，方可进入距所揭煤层法向距离 5 m 内施工。

施工至距所揭煤层法向距离 2 m 前，施工期间采取钻探手段边探边掘，确保井筒不进入距所揭煤层法向距离 2 m 以内。

施工至距所揭煤层法向距离 2 m 后，至穿过煤层最小法向距离 2 m 前，执行循环预测，并采取远距离爆破等安全防护措施。

4. 揭煤作业时的注意事项

（1）伞钻打眼时，炮眼的位置、深度应严格掌握，岩眼若打穿煤层时，应做好特别标志。

（2）爆破揭煤层时，地面井口 20 m 范围内严禁明火，所有电器不得带电。

（3）爆破揭煤层时，所有工作人员必须撤至井口 50 m 范围之外的安全地带，且不得在下风口，并在所有往井口的通道设置警戒人员和醒目的安全标志。

（4）井下打钻工作必须采用湿式打眼，并严禁进行易产生火花的工作，揭煤层期间严禁用风镐作业。

（5）严禁在井下拆装矿灯，不亮时立即更换；禁止在井下敲打和撞击，装卸物品要轻拿轻放，防止撞击产生火花。

（6）在打超前探煤钻孔、测压力钻孔、排放钻孔时，要密切注意是否有顶矸、夹矸、喷孔等异常动力现象，详细记录及时汇报、分析，探煤钻孔是揭煤层的第一个钻孔，要测定瓦斯涌出量。

（7）煤层取样、测压工作严格按照施工安全技术措施执行。

（8）在揭煤期间出煤时，工作面必须要经常洒水，杜绝煤矸干燥，并在出矸、过煤、锚网、喷混凝土及砌壁等各工序施工时，现场应有专人检查瓦斯，专人观察井壁动态及温度变化，发现异常情况立即停止作业，撤除所有人员。

（9）井筒揭煤施工期间软梯必须下放至工作面。安全梯下至吊盘，提升吊桶必须停在吊盘以下位置，并在吊盘与工作面设置安全梯以便紧急情况时人员上、下。

（10）爆破时，在爆破人员完成装药和连线工作升井后，将所有井盖门打开，井筒、井口房内的人员全部撤出，设备、吊盘、工具等提升到距离工作面 50 m 以上的安全高度，方可爆破。

（11）工作面所有爆破人员，包括爆破、送药、装药人员，必须熟悉爆炸材料性能和《煤矿安全规程》相关规定。

（12）井下爆破工作必须由专职爆破工担任，严格执行掘进工作面作业规程及其爆破说明书。爆破作业必须执行“一炮三检”制和“三人连锁爆破”制。

（13）不得使用过期或严重变质的爆炸材料。不能使用的爆炸材料必须交回爆炸材料库，电雷管在使用前必须进行导通实验。

（14）爆破作业必须使用煤矿许用炸药和煤矿许用毫秒延期电雷管，煤矿许用毫秒延期电雷管延期时间不得超过 130 ms，严禁跳段使用，爆破母线采用专用电缆。

（15）掘进工作面应全断面一次性起爆，严禁使用 2 台发爆器同时进行爆破。

五、立井过含水层施工

立井井筒施工时，井筒内一般都有涌水，当涌水较大时，会影响施工速度、工程质量、劳动效率，严重时还会带来灾难性危害。因此，根据不同的井筒条件，应采取有效措施，妥善处理井筒内涌水，以便为井筒的快速优质施工创造条件。

井筒涌水的治理方法，必须根据含水层的位置、厚度、涌水量大小、岩层裂隙及方向、井筒施工条件等因素来确定。立井过含水层的防治水方法主要为探水注浆施工，包括地面预注浆、工作面预注浆和井壁注浆。

1. 地面预注浆

井筒开凿之前，先自地面钻孔，穿透含水层，对含水层进行注浆堵水，而后再掘砌井筒的施工方法称为地面预注浆。距地表小于 1000 m 的裂隙含水岩层，当层数多、层间距又不大时，宜采用地面预注浆法施工。

地面预注浆主要包括钻孔、安装注浆设备、注浆孔压水试验、测定岩层吸水率、注浆施工及注浆效果检查等工序。

注浆孔数是根据岩层裂隙大小和分布条件、井筒直径、注浆泵的能力等因素确定的。注浆孔数一般为 6 ~ 9 个，并按同心圆等距离布置，只有在裂隙发育、地下水流速大的倾斜岩层，才按不规则排列。

注浆段的孔径一般为 89 ~ 108 mm，过表土层时为 146 ~ 159 mm，钻孔偏斜率不应大于 1%。注浆孔口和表土段安设套管，以防塌孔和注浆时跑浆。注浆前用清水洗孔和压水试验，为选择注浆参数和注浆设备提供依据，确保浆液的密实性和胶结强度。

在钻进注浆孔的同时，应建立注浆站，安装注浆设备。安装及钻孔完工后，在孔内安设注浆管、止浆塞和混合器，进行管路耐压试验，待一切准备工作完成后，自上而下或自下而上分段进行注浆。当含水层距地表较近，裂隙比较均匀时，亦可采用一次全深注浆方式。当注浆压力达到设计终压并保持给压 20 min 后，若吸浆量小于设计规定值，该段便达到注浆标准。

2. 工作面预注浆

立井施工最常见的是工作面预注浆，工作面下部有含水层时必须进行预注浆。工作面预注浆示意如图 6 - 5 所示。

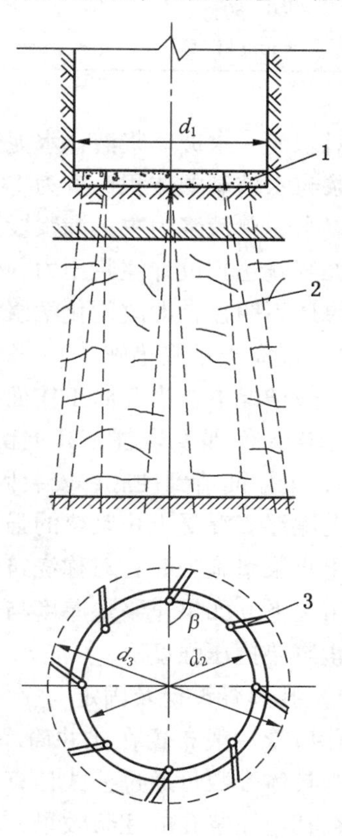

1—止水垫；2—含水岩层；3—注浆钻孔；
d_1—掘进直径；d_2—注浆孔布置直径；
d_3—孔底直径；β—螺旋角（120° ~ 180°）

图 6 - 5　工作面预注浆示意图

工作面预注浆施工顺序为工作面出矸清底→孔口管固定→施工止浆垫→上段井壁注浆加固→止浆垫注浆加固→工作面打探钻→注浆→扫孔钻进→注浆，如此循环至结束。

1）钻注设备及布置

一般情况下，钻探使用 MK－5 型钻机，ϕ95B 冲击式钻头。注浆使用 XPB－90E 型高压注浆泵，JS－500 型强制式搅拌机。

钻探设备布置在施工吊盘上，使用螺丝固定。注浆设备布置在井口附近，从井口至工作面接两路 ϕ32 mm（或 ϕ25 mm）高压胶管作为输浆管路，为确保安全、牢固、稳定，采用稳绳（抓岩机绳）悬吊入井。

2）注浆材料

注浆宜采用普通硅酸盐水泥，强度等级不宜低于 42.5；水玻璃模数宜为 2.4～2.8；水泥浆液的浓度可按表 6－1 选用。

表 6－1　水泥浆液浓度

钻孔最大吸水量/($L\cdot min^{-1}$)	浆液浓度（水∶水泥）	钻孔最大吸水量/($L\cdot min^{-1}$)	浆液浓度（水∶水泥）
60～80	2∶1	150～200	1.25∶1 或 1∶1
80～150	1.5∶1	＞200	1∶1

对水泥－水玻璃浆液，水泥浆的浓度宜为 1∶1～0.6∶1，水玻璃浓度宜为 35～42°Bé；水泥浆与水玻璃的体积比宜为 1∶0.4～1∶1。

以水泥单液浆为主，漏浆段及封孔采用双液浆。针对微裂隙发育地层，若注入少量单液水泥浆就达到设计注浆压力，但经反复扫孔水量仍不减少，则可改用超细水泥注浆，如果效果还不明显，即改用化学浆液注浆。

3）混凝土止浆垫施工

一般情况下，当井筒工作面掘进至距含水层顶板法向距离为 5～10 m 时，停止掘进，留 5～10 m 作保安岩柱，其上留 1.5～2.5 m 的距离不进行永久砌壁，并把荒径扩大到 0.5 m，工作面清到硬底，安装固定孔口管，浇筑"⊥"型混凝土止浆垫以防注浆时止浆垫向上漂浮。混凝土止浆垫的强度一般为 C40～C60，厚度按平底型止浆垫厚度公式计算。混凝土止浆垫施工时，对称浇筑，并用震动棒振实，要连续施工，确保止浆垫施工质量。特殊情况下，如果止浆垫厚度与理论计算相差很多，可以考虑在止浆垫内增加钢管架设，增强止浆垫抗压强度。

4）孔口管设计及固定

孔口管一般布置在比井筒净直径小 1～2 m 的圈径上，径向布置，向外倾斜 2°～5°，孔口管具体个数可通过公式计算。井筒中心附近垂直布置一根孔口管，作为检查孔用，用来检查其他注浆孔的注浆效果，也可根据实际情况布置 2～3 根。孔口管采用 ϕ108 mm × 8 mm 无缝钢管加工制作，长度根据计算出的混凝土止浆垫厚度确定，露出止浆垫的长度为 500 mm 左右。孔口管上口焊接 ϕ133 mm 的高压法兰盘，法兰盘上连接 ϕ133 mm 高压球阀及防喷阀，钻具通过球阀钻进。孔口管的固定，按照孔口管的设计位置，在井帮上打两排树脂锚杆，采用焊接或绑扎的方式把孔口管的上、下两端固定在安装好的锚杆上，孔口

管间采用 ϕ18 mm 的钢筋横向、斜向相连，使所有孔口管连成一个整体。

5）止浆垫及其上部井壁注浆加固

为保证工作面预注浆，不影响上段井壁，必须对上段 10～20 m 井壁壁后围岩进行注浆加固，使围岩与混凝土井壁共同承受注浆的高压。

井壁采用上行注浆方式，从下而上依次注浆。注浆孔布置依据实际情况设计。采用气动凿岩机配 ϕ22 mm 中空六棱钢钎和 ϕ42 mm“一”字形合金钢钻头造孔。钎杆长度根据施工需要配置。注浆孔口管采用 $\phi42\times5$ mm 无缝钢管制作，前部加工成马牙扣，缠以麻丝，后部加工成丝扣，连接高压球阀。注浆管用大锤或风动推进器推入孔内，外露 30 mm 长的丝扣，以便安装球阀。注浆管埋好后，安装上球阀，连接好管路，开动注浆泵，先用清水冲孔，做压水试验，了解注浆孔周围岩层裂隙发育情况，然后开始正式注浆。注浆压力比静水压力大 0.5～1.5 MPa，达到注浆终压后稳定 10 min 即可停止注浆。

当钻孔深度超过止浆垫 2 m 后，利用孔口管进行止浆垫与岩石交接面注浆加固，保证止浆垫与周围岩帮接触面接触密实，使其成为一个整体。充填加固采用水灰比为 2∶1～0.75∶1 的水泥浆；封孔采用水玻璃∶水泥浆为 1∶0.4～1∶1（体积比）的双液浆，水泥采用新鲜 P.042.5R 普通硅酸盐水泥，水玻璃要求模数 2.8～3.2，浓度 38～45°Bé，注浆终压不超过设计压力。经过止浆垫注浆加固后，进行孔口管抗压试验，试验压力应不小于工作压力的 1.2 倍。

6）工作面打探钻

工作面钻孔探水时，按照预埋的孔口管，钻孔施工顺序为对称交叉进行，原则上钻进一个孔注一个孔，待完成一个孔后再施工另一个孔。若条件允许，可以平行作业。最后施工中间的检查孔，检查注浆效果。使用吊盘作为工作平台，在工作平台上安装钻机，调整好角度，固定钻机。在正常钻进过程中，不得移动钻机。工作面放置两台 7.5 kW 电潜泵，上吊盘安装一台高扬程卧泵和水箱。水量较小时，可利用电潜泵排水至吊桶内，提升上井；水量较大时，水排至上吊盘水箱，然后通过卧泵排至地面。每次钻探施工前，先打开孔口压盖，对将钻探的孔口管安装防喷阀门、三通，并连接牢固，预防突水。钻进过程中，遇破碎松软岩层或单孔涌水量大于或等于 2 m^3/h 时，应停止钻探，撤出钻杆，进行工作面预注浆；单孔涌水量小于或等于 2 m^3/h 时，可正常进行探水施工。待对称 4 个孔钻探结束后，经泄压放水测定单层涌水量再制定相应的注浆方案。

在钻孔过程中，做好打钻记录，记录内容包括接班孔深、本班进尺、交班孔深，钻孔出水后应测量水压、水量等与探水作业有关的情况。

7）工作面预注浆

浆液经搅拌系统搅拌后，经注浆泵、输浆管和注浆孔口管进入受注岩层。注浆作业程序应当在注浆孔钻注到既定深度后，先用清水冲孔后再进行注浆作业，注浆作业程序为：接通注浆管路→压水试验→定量压清水→注浆→冲洗输浆管路→清洗注浆泵→扫孔或钻进。

注浆前进行压水试验，可冲洗岩石裂隙中的充填物，提高浆液与岩石裂隙面的黏结强度及抗渗透能力，并根据泵压及注入量，测定钻孔吸浆量，验证孔口管的固结程度。压水试验时，尽可能地采用大泵量，压力控制在本段注浆终压，一般压水时间为 20 min（破碎带压水时间缩短或不压水），精确测量并记录压水段高、流量和压力，根据压水时间测定的钻孔单位吸水量，确定注浆时浆液的起始浓度，并作为鉴定注浆效果的依据之一。

注入量是由浆液浓度、岩石裂隙发育程度、注浆压力决定的，浆液注入量可根据公式计算。

根据注浆压力变化及时调整浆液。在注浆过程中，注浆压力可分为初期、正常及终压3个阶段，当初始浓度确定后，根据注浆压力变化情况，应及时控制浆量，调整浆液浓度，记录凝胶时间，使注浆压力平缓升高，避免出现较大波动，直至达到注浆终压和终量，并稳定20~30 min。单液水泥浆常用的水灰比为2:1、1.5:1、1.25:1、1:1、0.75:1和0.5:1；每次注浆的初始浓度根据压水试验测定的单位钻孔吸水量进行选择，注双液浆时，水泥浆与水玻璃体积比为1:1~1:0.4。

每个钻孔注浆时，一般先稀后浓。浆液在裂隙中沉析、充填阶段，若压力不升且进浆量也不减时，应逐渐加大浆液浓度；反之，若压力上升快且进浆量减少时，应降低注浆泵量，每更换一次浆液浓度，一般持续30 min。注浆操作要求如下：

（1）关闭水泥浆管路的输出阀门及孔口池阀门。

（2）打开孔口（及混合器）前的起止阀。

（3）打开注浆泵的放浆阀及进浆阀。

（4）启动注浆泵，调节流量，或用进浆阀门调节流量。

（5）打开水泥浆管路输出阀，关闭放浆阀，向岩石裂隙进浆。

（6）当流量、压力不符合要求时，应调节电机转速使压力、流量达到正常要求。

（7）为防止因注浆时间长而堵塞回路，一般间隔20 min左右开关一次放浆阀，以流出少量浆液并达到畅通回路为准。

（8）专人看管吸浆笼头，及时清理笼头上的堵塞物。

（9）注浆时机电维修人员不能离开注浆站，要精心维护注浆设备，发现问题及时处理。

（10）工作面如发现跑浆、串浆时，施工人员可用棉纱配合道钉、木楔进行封堵，如仍不能封堵时应立即通知注浆站司泵人员停机，处理完后继续注浆。

注浆结束标准，各注浆孔的注浆压力达到终压，注入量小于30~40 L/min。每孔注浆结束的工作要求如下：

（1）水泥浆池的水泥浆即将吸干后，储浆池内加入定量清水，同时开大注泵的进浆阀门，直至使压清水压力比注浆压力大0.5 MPa左右，以防由于压力低、流速慢而造成浆液凝胶堵管事故。

（2）清水压完后，立即关注浆泵、孔口注浆阀，解开孔口附近的活接头。

（3）注水冲洗注浆管路。

（4）注浆结束后保持孔口泄压阀关闭状态至下一个孔注浆方可打开。

8）扫孔和复注

注浆结束后，单液浆一般需要养护24 h再扫孔。扫孔后进行压水试验，当耗水量小于20 L/min时，可不再注浆，进行下一个钻孔施工，否则应复注。

9）工作面预注浆时，工作人员需要注意的事项

（1）所有注浆操作人员应进行专项施工措施的学习和操作训练。

（2）注浆管路系统，从注浆泵开始逐渐降低，不得有抬高现象，以防浆液沉淀堵塞，

弯管半径不得小于管径的5倍。

(3) 注浆前应有专职维修人员对注浆系统进行检查，并对注浆泵和输送管路系统进行耐压试验，试验压力为注浆终压的1.2倍，应持续15～30 min，无异常情况时，方可使用。

(4) 要经常检查管路连接处，发现问题及时处理。

(5) 每次注浆前，应对使用的压力表检验校正后方可使用。

(6) 井口和注浆站，应设置直通电话和声光信号，以便快速联系，出现问题及时采取措施。

(7) 建立健全各种岗位责任制，严格执行井下、地面现场交接班制，保证注浆工作的连续性。

(8) 注浆前，必须对止浆垫和孔口管进行压水试验，试验压力为注浆终压的1.2倍。

(9) 注浆工作人员必须佩戴好劳动保护用品后方准进入现场。拌浆人员应严格掌握浆液浓度，配浆时倒灰要过筛，防止杂物混进浆液，结块、过期失效和散灰严禁使用。池内浆液要淹没笼头，防止笼头悬空，吸入空气，应有专人放浆和过滤，注浆结束时应对搅拌池及笼头窝进行清洗。注浆时泵压剧减或不进浆，可能是笼头被堵，吸浆笼头应经常清洗。泵压突然下降并不回升，吸浆量增大，说明岩缝漏浆，可采取降压、调整浆液浓度的办法处理。注浆时压力剧增，而工作面压力上升很慢或不上升，应立即检查管路，并将笼头移入清水池中。

(10) 注浆过程中应有专人观察压力表及井壁和工作面情况，发现异常，立即报告当班技术员和队长。如果止浆垫和井壁鼓坏时，应采用钻孔补注，加固止浆垫和井壁后，再行注浆。

(11) 注浆时不得随意停水、停电，必要时必须事先通知，待停止注浆冲洗管路和注浆泵后方可停水、停电，正常注浆结束后必须立即清洗注浆泵和管路。

(12) 注浆记录人员应认真记录压力、流量、时间等原始数据，注浆结束后要对压力、流量（吸浆量）随时间变化情况进行汇总分析上报。

(13) 井下工作盘应保持干净，杂物一律上井。施工机具堆放整齐，位置合适，方便使用。注浆时井下人员必须佩戴防护眼镜、乳胶手套和口罩。此外，浆液搅拌站应有防尘措施。

(14) 每次注浆结束后必须冲洗管路，冲洗时间以井下注浆管出清水为准。同时，必须将注浆泵及吸浆管路清洗干净。

(15) 注浆结束后，关上注浆阀后待注浆管路泄压后才可放浆，放浆时放浆三通严禁对人。

3. 井壁注浆

井筒施工掘砌完成后，由于井壁质量差或地层压力过大等原因，往往造成井壁渗水或呈现小股涌水，使井筒涌水量超过6 m^3/h，或有0.5 m^3/h以上的集中漏水孔时，必须进行壁后注浆封水。实践证明，壁后注浆不但起到封水作用，而且也是加固井壁的有效措施。

井壁注浆分为壁间注浆和壁后注浆。一般情况下，立井冻结段解冻期间需要进行壁间注浆，加固内壁与外壁间的缝隙并封堵涌水；井筒验收前或井筒涌水量较大时应进行壁后注浆堵水加固施工，有时壁间注浆和壁后注浆需要同时进行。

1）主要设备及材料

钻孔采用气动凿岩机配不同长度的 φ22 mm 中空六棱钢钎和 φ42 mm “一”字形合金钢钻头造孔，钎杆长度根据施工需要配置。注浆可使用 2ZBYSB - 200/50 - 5/15 型、HFV - C 型、2TGZ - 120/210 型或 3ZB38 ~ 248/4 ~ 30 - 30 型注浆泵，注浆管路使用 φ25 mm 高压胶管。

注浆材料使用新鲜 P. 042. 5R 普通硅酸盐水泥，水玻璃要求模数 2. 8 ~ 3. 2、38 ~ 45°Bé。

2）壁间注浆施工

壁间注浆即施工注浆孔至内外壁交接处，注浆充填壁间裂缝，有效阻止含水层的水通过壁间裂缝导入井筒内。

（1）壁间注浆施工工序。风钻开孔（孔径 φ42 mm，孔深大于内壁厚度 50 mm）→安装孔口管（缠麻）→安装 2 寸高压球阀→用 φ28 mm 钻头穿过高压球阀进入内外壁壁间→抽钎关闭球阀→连接混合器与注浆管路→开启注浆泵进行压水试压→打开球阀→注入水泥浆液→调整凝胶时间封孔→关闭球阀→换孔。

（2）注浆孔口管的加工及埋设。孔口管选用 φ42 mm 无缝钢管制作，长度为 300 ~ 1000 mm，前部加工成马牙扣，后部加工成丝扣，孔口管与 2 寸高压球阀采用长 100 mm 的短节头连接。孔口管的马牙扣部位缠上生麻，在开好的孔口内加入少量的树脂锚固剂，利用大锤与风锤推进器将孔口管推进孔内。对造孔出现的废孔应及时采用水泥、水玻璃封死。

（3）壁间注浆注意事项：

①打注浆孔时，风钻腿要固定、蹬牢，操作人员应站在风钻两侧。

②打钻时要控制好注浆孔深度，事先可在钎子上做好标记。

③注浆孔施工时必须先固定孔口管，再穿透内壁。

④要严格掌握浆液配比，根据实际进浆量调整配比。

⑤注浆时，操作人员不准正面对着注浆管，以防拔管伤人；开闭阀门及拆卸注浆管时，人员也应避开正面方向。

⑥在注浆泵的出浆口、井下混合器上分别安装压力表，严格控制注浆压力，可在吸浆口上安装阀门，控制阀门可控制单孔注入浆液量和双液浆比例。

3）壁后注浆施工

壁后注浆即施工的注浆孔穿透外壁进入岩层，注浆封堵涌水通道及裂隙，并在井筒周围形成帷幕，有效隔绝涌水。

（1）壁后注浆施工工序：风钻开孔（孔径 42 mm，孔深 大于 内壁厚度 100 mm）→安装孔口管（缠麻）→安装 2 寸高压球阀→用 28 mm 钻头进入高压球阀穿透外壁（孔深大于 1. 5 m）→抽钎关闭球阀→连接混合器与注浆管路→开启注浆泵进行压水试压→打开球阀→注入水泥浆液→调整凝胶时间封孔→关闭球阀→换孔。

（2）注浆孔口管的加工及埋设：孔口管选用 φ42 mm 无缝钢管制作，长度大于 500 mm，前部加工成马牙扣，后部加工成丝扣，孔口管与 2 寸高压球阀采用长 100 mm 的短节头连接。孔口管的马牙扣部位缠上生麻，在开好的孔口内加入少量的树脂锚固剂，利用大锤与风锤推进器将孔口管推进孔内。对造孔出现的废孔应及时采用水泥、水玻璃封死。

(3) 壁后注浆注意事项：

①严禁在固定孔口管前穿透外壁。

②壁后注浆量一般较大，浆液配比可选用水灰比 1∶1～0.5∶1，漏浆量较大时可使用水泥－水玻璃双液浆注浆。

③严格控制注浆压力，发现井壁有变化时要立即停止注浆。

4）应注意的事项：

(1) 当井上注浆泵压力突然增加，而井下注浆管口压力表却无明显升高，说明注浆管路堵塞，应立即处理，使其畅通。

(2) 注浆初期，若孔口压力表突然增大，这并非注浆已达终压，而是注浆孔堵塞，此时应立即停注，待浆液初凝后，重新扩孔至原深，再继续注浆。

(3) 注浆中发生注浆压力突然下降，吸浆量猛增，这表明可能某处井壁开裂跑浆，或沿着某一大裂隙或溶洞漏泄远处，这时应立即检查，并作堵缝处理，如调整浆液浓度、缩短凝胶期，减少注浆压力等，视具体情况予以解决。

(4) 若注浆泵表压骤然下降为零，井下钻孔表压也小于液柱静压，表明注浆泵排浆阀发生故障，应立即修理。

第五节 井筒相关硐室、壁座的掘砌

一、井筒相关硐室

采用立井开拓方式的矿井，一般与井筒整体施工的硐室有：主井箕斗装载硐室、副井管子道开口、人行通道开口、风井风硐口、马头门等。

马头门是指立井井筒与井底车场巷道的连接部分，实际上它是垂直巷道与水平巷道相交的一种特殊形式的交岔点。人们习惯称的马头门，通常是指罐笼立井与井底车场巷道的连接部。

对采用矿车运输的矿井，箕斗装载硐室位于井底车场水平以下，上接煤仓下连主井井筒；当大巷采用带式输送机运输时，箕斗装载硐室可位于井底车场水平以上，这样可减少主井井筒的深度。其内安设箕斗装载（定容或定重）设备，将煤仓中的煤按规定的量装入箕斗。

主井清理撒煤硐室位于箕斗装载硐室以下，通过倾斜巷道与井底车场水平巷道相连，其内安设清理撒煤设备，将箕斗在装、卸和提升煤炭过程中撒落于井底的煤装入矿车或箕斗清理出来。

二、硐室施工主要操作技术

目前，硐室施工中普遍的支护形式：首先进行锚网喷一次支护，待硐室全部掘出以后，再在一次支护的基础上进行二次支护，二次支护现多选用钢筋混凝土整体浇筑。

硐室施工中需要掌握的操作技术主要有打眼爆破技术、出矸技术、锚网喷技术、砌碹支护技术。

1. 打眼爆破技术

在进行硐室爆破施工时，应合理设计爆破图表，努力实现光面爆破。光面爆破能使硐室断面成形规整，减轻对围岩的震动破坏，有利于提高围岩的稳定性，从而为锚喷支护创造了有利条件。施工炮眼一般选用气腿式凿岩机进行凿岩，应按照标定的硐室中心线和腰线控制断面轮廓。

2. 出矸技术

井筒相关的硐室出矸时，可以在井底与硐室同水平的位置安设调度小绞车，使用耙斗将矸石扒至井筒断面内，再使用抓岩机装吊桶出矸。特殊情况下，不宜布置绞车出矸时，采用人力出矸，使矸石进入抓岩机工作范围，由抓岩机装吊桶出矸。

3. 锚网喷技术

井筒相关硐室在掘出后应及时进行锚网喷射混凝土。锚喷支护能及时地封闭和加固围岩，缩短硐室围岩的暴露时间，避免岩石风化产生冒顶片帮，有效地提高了围岩的稳定性和施工作业的安全性。

4. 砌碹支护技术

砌碹支护本身是连续体，对围岩能起到封闭、防风化的作用，这种支护形式坚固耐用。目前，与井筒相关的硐室一般采用混凝土或钢筋混凝土永久支护。如果硐室较大，不便于一次砌碹，可分段分区进行砌碹支护，施工步骤如下。

1）掘砌基础

对硐室进行砌碹时，必须掘出一个坚实的基础，清除浮矸，并尽量整平。有时，为了保证基础的强度和平整，掘出基础断面后，使用钢模板或木模板浇筑出一个平整的基础平面，为下一步支碹骨和模板提供一个规整的搭建平台。

2）墙部施工

采用钢筋混凝土的硐室，应首先采取从下往上绑扎钢筋的方法，完成墙部钢筋的绑扎，绑扎质量应符合《煤矿井巷工程施工规范》中钢筋工程的要求。

墙部钢筋绑扎完毕后，支墙部碹骨和模板，支模板时应保证壁厚和距中心线位置符合验收规范的要求，较高处的墙部模板应搭设工作平台进行支模，在浇筑混凝土前，应支好模板的横撑，确保有足够的强度，防止炸模。最后浇筑混凝土，选用混凝土输送泵浇筑，浇筑时应对称分层振捣，确保质量。

3）拱部施工

拱部施工时，应首先搭建工作台，首先绑扎拱部钢筋，然后搭设模板，采用底卸式吊桶下混凝土不便时，可采用小型搅拌机井下搅拌混凝土，使用混凝土输送泵，送混凝土至硐室拱部。为防止拱部混凝土不密实，可在拱部预留注浆孔，以便日后注浆加固。

三、井筒壁座的施工

在井筒设计中，壁座是用来保证其上部井筒稳定的，一般布置在井颈下部、马头门上部，以及需要延伸的井筒底部等。壁座施工和井筒掘砌同步进行，壁座浇筑一般要求一次性浇筑，不可留有接茬。因此若壁座高度较大，掘进每一循环后采用锚喷或锚网喷进行第一次支护，应保证锚喷净半径符合壁座设计荒径要求，每次支护的段高一般为 2 m，在一次支护的掩护下，进行掘进施工。当掘进至壁座低端时，进行绑扎钢筋和浇筑混凝土，然后进行拉模施工，向上逐段扎钢筋和浇筑混凝土，直至施工至壁座顶部。

第七章 井 筒 掘 进

第一节 井筒光面爆破

一、光面爆破的基本原理

光面爆破的破岩机理是一个十分复杂的问题，目前仍在探索之中。一般认为，炸药起爆时对岩体产生两种效应：一是应力波波峰叠加的作用；二是爆炸气体膨胀做功所起的作用。光面爆破是周边眼同时起爆，各炮眼的冲击波向其四周作径向传播，相邻炮眼的冲击相遇，则产生应力波的叠加，并产生切向拉力，拉力的最大值发生在相邻炮眼中心连线的中点。当岩体的极限抗拉强度小于此拉力时，岩体便被拉裂，在炮眼中心连线上形成裂缝。随后，相邻两炮孔同时起爆时，在爆生气体压力共同作用下使岩石向自由面方向移动，形成光滑的岩面。

二、井筒爆破材料

立井井筒掘进时的爆破材料主要是炸药和雷管。炸药主要根据岩石的性质、井筒涌水量、瓦斯和炮眼深度等因素来选定，雷管目前主要采用8号电雷管。

目前，我国立井井筒施工普遍采用水胶炸药，这是一种由氧化剂水溶液为载体加入胶结剂、胶联剂、可燃剂、敏化剂等添加剂组成的硝酸铵类含水炸药，它具备了立井爆破要求的抗水性强、装药密度高、使用安全、威力大的特点。

三、爆破参数的选择

目前，由于立井穿过的岩层变化大，影响爆破的因素也较多，施工中还没有统一的理论公式计算方法。实际爆破作业时，可以用类比的方法，参考相似井筒的爆破参数，并在实践中不断调整以适应工程实际情况。爆破参数主要有炮眼深度、炮眼直径、装药量、炮眼布置。

1. 炮眼深度

炮眼深度的主要决定因素有钻眼设备的能力、循环组织形式、金属模板的高度等，此外还受掏槽效果的限制。以目前的爆破技术来说，当炮眼过深时，不但降低爆破效率，还会使眼底岩石破碎不充分，岩帮不平整，岩块大而不匀，给装岩、清底，以及下一循环的钻眼工作带来困难。

炮眼深度还与炸药的传爆性能有关，通常采用40 mm眼径，装入32 mm直径的硝酸铵类炸药，用一个雷管起爆，只能传爆6~7个药卷，最大传爆长度为1.5~2 m，相当于2.5 m左右的眼深。若装药过长，将导致爆轰不稳定、效率低，甚至不能完全起爆。

在实际施工中，首次选择炮眼深度一般从井筒月度进尺要求上着手，按照当月进尺可以实现的循环个数计算出每循环需要的爆破深度，再参考伞钻一次推进的深度予以确定。但这样的计算结果往往不一定是技术经济上的最优值。因此，在工程实践中还需要结合实际情况予以不断调整、优化。

2. 炮眼直径

用手持式凿岩机钻眼，采用标准直径为32~35 mm的药卷时，炮眼直径常为38~43 mm。随着钻眼机械化程度的提高，采用更大直径的药卷和眼径，药卷直径以35~45 mm为宜，则炮眼直径比药卷直径大3~5 mm。

为使爆破后井筒断面轮廓规整，实现光面爆破，目前普遍使用伞钻打直径为55 mm的炮眼，采用直径为45 mm的药包。

3. 炸药消耗量

目前，炸药消耗量常参照国家颁布的预算定额来选定。炸药消耗总量等于爆破掘进矸石的体积乘以单位体积炸药消耗量定额。

各炮眼装药的多少，取决于岩石性质和炸药品种。在井筒掘进中，一般采用经验数据，按照装药系数确定。

《煤矿井巷工程施工规范》规定，光面爆破的周边眼单位长度的装药量，岩石单轴饱和抗压强度小于30 MPa时，2号岩石硝酸铵类炸药装药量宜为110~165 g/m；岩石单轴饱和抗压强度为30~60 MPa时，2号岩石硝酸铵类炸药装药量宜为165~220 g/m；岩石单轴饱和抗压强度大于60 MPa时，2号岩石硝酸铵类炸药装药量宜为220~330 g/m；采用其他炸药时，周边眼单位长度的装药量应为2号岩石硝酸铵类炸药量乘以换算系数。换算系数可按下式计算：

$$K=(M_a/N_a+M_b/N_b)/2$$

式中 M_a——2号岩石硝酸铵类炸药猛度，mm；

N_a——2号岩石硝酸铵类炸药爆力，mL；

M_b——换算炸药猛度，mm；

N_b——换算炸药爆力，mL。

4. 炮眼布置

通常井筒断面都为圆形断面，炮眼采用同心圆布置。炮眼从断面中心至边缘依次为掏槽眼、辅助眼、周边眼。

1）掏槽眼

掏槽眼是用来在工作面上首先爆破以造成第二个自由面的一组炮眼，它对整个掘进爆破效率起决定性作用。掏槽眼包括掏槽过程中所形成的各种形式的炮眼，可为崩下工作面的岩石，布置其他炮眼创造良好条件。掏槽眼深度应比爆破挖掘工作面向前推进距离的设计深度大200~300 mm，其装药量比辅助眼加大15%~20%。

掏槽眼是在一个自由面条件下起爆的，是整个爆破工作的难点，应布置在最易钻眼爆破的位置上，在均匀岩层中可布置在井筒中心；在急倾斜岩层中应布置在靠井中心岩层倾斜的下方。常用以下两种掏槽方式：

（1）直眼掏槽。其炮孔布置圈径一般为1.2～1.8 m，眼数为4～7个，由于打直眼，易实现机械化，岩石抛掷高度小，如要改变循环进尺，只需变化眼深，不必重新设计掏槽方式。但它在中硬以上岩层中进行深孔爆破时，往往受岩石的限制，难于保证效果。为此，除选用高威力炸药和加大药量外，可采用二阶或三阶掏槽，即布置多圈掏槽，并按圈分次爆破，相邻每圈间距为200～300 mm，由里向外逐圈扩大加深，各圈眼数分别控制为4～9个，如图7－1所示。由于分阶掏槽圈距较小，炮眼中的装药顶端应低于先爆眼底位置，并填塞较长的炮泥，以提高爆破效果。

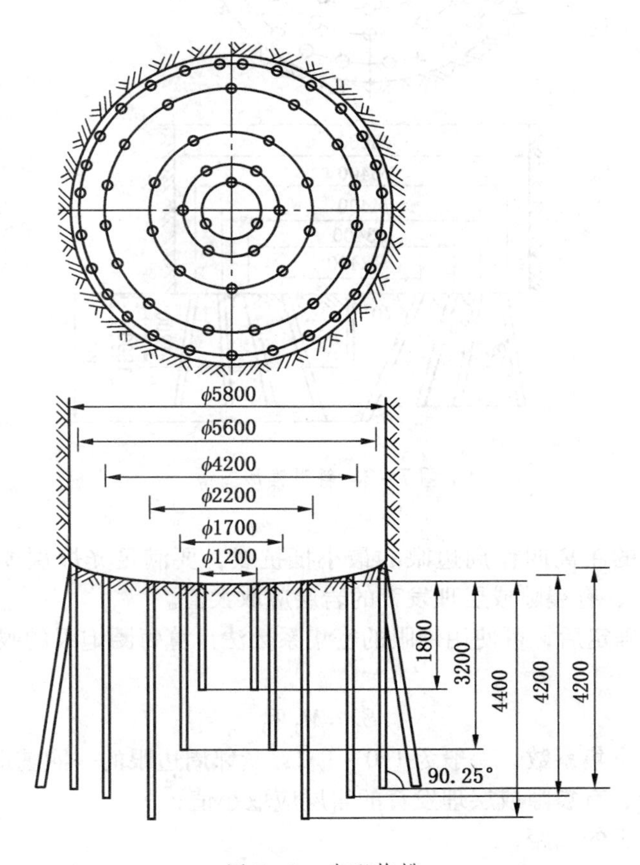

图7－1　直眼掏槽

（2）斜眼锥形掏槽。其炮眼布置倾角（与工作面的夹角）一般为70°～80°，眼孔比其他眼深200～300 mm，各眼底间的距离不得小于200 mm，各炮眼严禁相交。这种掏槽方式受井筒断面大小的限制，炮眼角度不易控制，但它破碎和抛掷岩石较易。为防止崩坏井内设备，常常增加中心空眼，其眼深为掏槽眼深的1/3～1/2，用以增加岩体碎胀补偿空间，集聚和导向爆破应力，如图7－2所示。它适用于岩石坚硬，一般直径的浅眼掏槽。

2）辅助眼

辅助眼又叫作扩槽眼、崩落眼，位置布置在掏槽眼与周边眼之间，可多圈布置。辅助眼的圈距，即辅助眼的最小抵抗线，与岩石性质、炸药做功能力和药卷直径等因素有关，一般取700～900 mm。当岩石坚固性低或采用高威力大直径药卷时取大值，反之取小值。

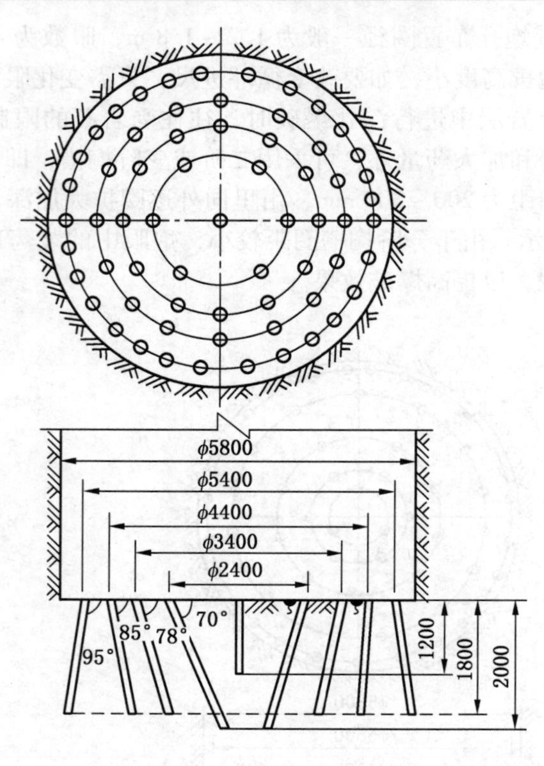

图 7-2 斜眼锥形掏槽

其最外圈与周边眼的距离叫作周边眼的最小抵抗线，要满足光爆层要求，一般以 500 ~ 750 mm 为宜，软岩、有裂隙或层理发育的岩层应取大值。

辅助眼的圈距确定后，可使用炮眼的密集系数法计算每圈炮眼的眼距，密集系数法计算公式如下：

$$E_1 = M_1 W_1$$

式中 M_1——炮眼密集系数，一般为 1.0 ~ 1.2；紧邻周边眼的一圈辅助眼宜取 0.8 ~ 1.0；软岩、有裂隙或层理发育的岩层应取小值；

W_1——辅助眼的圈距；

E_1——辅助眼的眼距。

3）周边眼

周边眼是布置在井筒最外圈轮廓线上的炮眼，它的作用是为井筒断面进行最后的修边工作，保证断面轮廓规整。一般情况下，眼距为 400 ~ 600 mm，层节理发育、不稳定的松软岩层应取小值，反之取大值。为便于打眼，眼孔略向外倾斜，眼底偏出轮廓线 50 ~ 100 mm，爆破后井帮沿纵向略呈锯齿形。

第二节 井筒爆破掘进工艺流程

我国立井井筒建设多采用立井短段掘砌的混合作业方式，以新型凿井专用提升机、大吊桶、伞钻、抓岩机、MJY 整体式金属模板为主体的机械化作业线。凿井工艺普遍采用了永久井架（塔）凿井，以及上部表土层冻结法凿井，下部基岩段采用地面预注浆治水的施工工艺。立井井筒基岩施工是指在表土层或风化岩层以下的井筒施工，根据井筒所穿过的岩层性质，目前以钻爆法施工为主。根据井筒掘砌作业方式的不同，井筒钻爆法施工主要包括出矸清底、凿眼爆破、出矸立模、砌壁4道工序循环。

工艺流程为出矸清底—画出井筒轮廓线—下放伞钻—凿眼—检查瓦斯浓度—扫孔、装药—连线—人员乘吊桶升井—设置警戒线—爆破—通风排烟—验炮—出矸—找平、落模浇筑混凝土。

第三节　井筒掘进质量要求

井筒施工质量合格标准在《煤矿井巷工程质量验收规范》（GB 50213—2010）中有明确规定，施工中，如建设单位无更高的施工标准，应严格按照此规范执行。

质量验收中，检查的项目分为主控项目和一般项目。主控项目是对检验批的基本质量起决定性影响的检验项目。一般项目是指除主控项目以外的检验项目，是对工程的安全、质量起非决定性作用的检验项目。

在井巷工程验收中，主控项目的质量经抽样检验，每个检验项目的检查点均应符合合格质量规定。检查点中75%及以上的测点应符合合格质量规定，其余测点不得影响安全使用。一般项目的质量经抽样检验，每个检验项目测点合格率应达到70%及以上，其余测点不得影响安全使用。

井巷工程质量验收应按照规范选点进行验收。立井井筒检查点在工序验收时每个循环设一个，中间、竣工验收时不少于3个，且其间距不大于20 m。井筒的每个检查点上应均匀设置8个测点，其中2个测点应设在与永久提升容器最小距离的井壁上。

一、井筒掘进质量要求

（1）立井井筒冲击层掘进半径应符合表7－1的要求。

表7－1　立井井筒冲击层掘进半径要求

检查项目			允许偏差/mm
井筒掘进半径	普通法凿井		0～+250
	冻结法凿井	冻土扩至井帮前	0～+400
		冻土扩至井帮后	0～+200

施工中，应使用井筒中心线尺量井筒中心至岩帮的距离，符合以上标准，即为合格的测点。

（2）基岩段井筒掘进半径应不小于设计30 mm，且不大于设计150 mm。壁座掘进断面高度允许偏差为0～100 mm，宽度允许偏差为－50～+200 mm。检验时应挂中心线或腰线进行尺量。与井筒相关的硐室应符合表7－2的要求。

表7-2 立井井筒基岩段掘进半径要求

检查项目			允许偏差/mm
硐室	宽度	中线至任一帮距离	-30 ~ +200
		无中线测全宽	-30 ~ +200
	高度	腰线至顶、底板距离	-30 ~ +200
		无腰线测全高	-30 ~ +250

（3）裸体立井井筒掘进半径应符合如下标准：井筒有提升时允许偏差为0 ~150 mm，井筒无提升时允许偏差为-50 ~ +150 mm。

二、井筒掘进质量的检查

井筒掘进质量主要的检查项目为掘进半径。井筒开帮作业中，施工班队长应经常检查井筒帮部掘进尺寸，避免超挖和欠挖，在掘进班组施工结束后，应由质量检验员、监理工程师或建设单位人员共同检查掘进半径，填写并签署“工序质量验收记录表”，在中间、竣工验收时还应签署“分项工程质量验收记录表”，所签的相关资料，应作为工程建设档案的一部分永久保存。

第八章 井 筒 支 护

第一节 井筒支护材料

一、配制混凝土所用原材料的相关知识

1. 混凝土的概念与基本组成

混凝土是由骨料和胶结材料与水拌和、硬化后形成的一种固态的建筑材料。其胶结成分主要是水泥，骨料以砂（细骨料）、石子（粗骨料）为主。

砂石骨料在混凝土中起骨架作用；水泥砂浆靠黏结力起连接作用。同时，在水泥浆凝结硬化前，依靠水泥浆在砂石颗粒间的润滑性，使拌和料具有一定的流动性，可满足施工浇筑的要求。在混凝土拌和时或拌和前还可以掺入一定量的外加剂，以改善混凝土的性能。

2. 水泥

水泥是粉状水硬性无机胶凝材料，加水搅拌后成浆体，能在空气中或水中硬化，并能把砂、石等材料牢固地胶结在一起。水泥是重要的建筑材料，用水泥制成的砂浆或混凝土，坚固耐久，广泛应用于土木建筑、水利、国防等工程。

通用水泥主要是指六大类水泥，即硅酸盐水泥、普通硅酸盐水泥、矿渣硅酸盐水泥、火山灰质硅酸盐水泥、粉煤灰硅酸盐水泥和复合硅酸盐水泥，主要用于土木建筑工程。

水泥主要技术指标如下：

（1）比重与容重。普通水泥的比重为3∶1，容重通常采用1300 kg/m^3。

（2）细度。细度是指水泥颗粒的粗细程度。颗粒越细，硬化得越快，早期强度也越高。

（3）凝结时间。水泥加水搅拌到开始凝结所需的时间称为初凝时间。从加水搅拌到凝结完成所需的时间称为终凝时间。硅酸盐水泥初凝时间不早于45 min，终凝时间不迟于12 h。

（4）强度。水泥强度应符合国家标准。

（5）体积安定性。体积安定性是指水泥在硬化过程中体积变化的均匀性、适度性。水泥中含杂质较多，会产生不均匀变形。水泥体积安定性不良的原因，一般是由于熟料中存在游离氧化钙和氧化镁或掺入石膏过量造成的。

（6）水化热。水泥与水作用会产生放热反应，在水泥硬化过程中，不断放出的热量称为水化热。水化热对冬季混凝土施工或冻结井混凝土施工则是有益的，可以促进水泥的

水化进程。水化热及其释放速率主要和水泥的矿物种类及颗粒细度有关，所以对受水化热影响严重的工程要合理选择水泥品种。

（7）标准稠度。标准稠度是指水泥净浆对标准试杆的沉入具有一定阻力时的稠度。

（8）水泥标号。六大类水泥实行以 MPa 表示的强度等级。

3. 砂

砂在混凝土中被称为细骨料，砂按来源不同分为河砂、海砂及山砂。砂的粗细程度按细度模数 μf 分为粗、中、细、特细级。粗砂 $\mu f=3.7\sim3.1$ mm，中砂 $\mu f=3.0\sim2.3$ mm，细砂 $\mu f=2.2\sim1.6$ mm，特细砂 $\mu f=1.5\sim0.7$ mm。煤矿岩壁喷射混凝土支护多用中粒河砂，而现浇混凝土结构多用中粗砂。

4. 石子

石子在混凝土中被称为粗骨料，一般为卵石和碎石，粒径要求大于 5 mm，最大粒径偏大可以节省水泥，但会使混凝土结构不均匀并引起施工困难。所以，在施工中应根据实际情况限制石子最大粒径。

骨料的坚固性是指其在大气环境（温、湿、风化、环境腐蚀、冻融等条件）下或受其他物理作用下的抵抗破碎能力。骨料的坚固性是影响混凝土耐久性的重要因素。

石子作为混凝土的骨料，还必须有足够的强度。石子的强度通过母岩取样的试验方法确定。在施工中通常用压碎性指标作为控制混凝土质量的参数。采用大于或等于强度等级 C60 的混凝土时应有专门的强度检验。

5. 水

混凝土拌和水通常采用饮用水或清洁的天然水，水质应符合标准规定。对受工业废水或生活污染的水，应事先进行必要的化验，不得含有有害于混凝土凝结、硬化的油脂等杂质成分。

6. 粉煤灰

粉煤灰是从煤燃烧后的烟气中收捕下来的细灰，粉煤灰是燃煤电厂排出的主要固体废物。在混凝土中掺加粉煤灰可以起到如下作用：节约大量的水泥和细骨料；减少用水量；改善混凝土拌和物的和易性；增强混凝土的可泵性；减少混凝土的徐变；减少水化热、热能膨胀性；提高混凝土抗渗能力；增加混凝土的修饰性。

7. 外加剂

外加剂是在拌制混凝土的过程中掺入用以改善混凝土性能的物质。混凝土外加剂的掺量一般不大于水泥质量的 5%。立井井筒施工中常用的外加剂有早强剂、减水剂、密实剂、速凝剂等。

1）早强剂

早强剂的作用是提高混凝土早期强度，在井筒外壁施工中常用来提早脱模时间，提高循环速度。

主要技术性能：在保持相同的坍落度和水泥用量的情况下，减水 5% ~12%，早期强度可提高 2.5 倍，7 天强度达到设计强度的 80% ~100%，后期强度可提高 15% 左右。在保持相同用水量和水泥用量的情况下，坍落度增大 8 ~ 10 cm 时，早期强度可提高 2 倍，后期强度提高 5% ~10%。在保持相同的强度下，可节约水泥 4% ~8%。

2）减水剂

减水剂的作用主要是减少混凝土用水量，提高混凝土强度，改善混凝土黏聚性、保水性和易浇筑性等，通过降低水泥用量从而降低大体积混凝土的水化热温升，减少温度裂缝，在井筒施工中也常常用到，有助于入模及振捣，提高混凝土强度。

主要技术性能：减水率高，掺量1%～2%，减水率可达15%～25%。在同等强度坍落度条件下，节约25%～30%的水泥用量；混凝土坍落度经时损失小，60 min 基本不损失，90 min 损失10%～20%。

3）密实剂

密实剂可以提高混凝土凝胶密实性、抗渗性，减少混凝土早期收缩，能有效控制混凝土裂缝，常用在冻结井筒内壁混凝土施工中，以提高井筒防水性。

主要技术性能：掺量一般取水泥重量的1%～3%；用于配置防水抗渗混凝土时，可提高抗渗等级，可降低混凝土内部40%以上的孔隙率，能有效地减少毛细孔及大孔的数量。

4）速凝剂

速凝剂能使水泥混凝土迅速凝结硬化，是喷射混凝土施工中不可缺少的添加剂。其主要成分为铝氧熟料（即铝矾土、纯碱、生石灰按比例烧制成的熟料）经磨细制成。它们的作用是加速水泥的水化硬化，在很短的时间内形成足够的强度，以保证特殊施工的要求。

主要技术性能：适宜掺量为胶凝材料用量的3%～5%，能使混凝土在5 min 内初凝，10 min 内终凝。喷射混凝土早期强度高，其28天龄期抗压强度保存率达80%～100%；喷料黏聚性好，对钢筋无锈蚀作用，可提高抗渗标号，凝结快；一次喷层厚，喷拱可达130 mm，喷壁可达200 mm 以上。

二、混凝土配合比的基本知识

1. 混凝土配合比

混凝土配合比是指混凝土各组成材料间的数量比例关系。常用的表示方法有两种，一种是以1 m^3 混凝土中各组成材料的质量表示，如水泥336 kg、砂子654 kg、石子1215 kg、水195 kg；另一种是以水泥为基本数1，表示出各材料用量间的比例关系，如上述质量配合比可写成1∶1.95∶3.62∶0.58（水泥∶砂子∶石子∶水）。混凝土的水灰比（水∶水泥）是决定混凝土强度及其和易性等性质的重要指标。

2. 混凝土的施工配合比

配合比设计时，首先根据工程要求，依照有关标准给定的公式和表格进行计算，这样得出的配合比称为计算配合比。通过实验室对强度和耐久性检验后调整的配合比称为实验室配合比。在实验室采用干燥或饱和面干的骨料，而工地上，骨料大多在露天堆放，含有一定的水分，并且经常变化，因此要根据现场实际情况将实验室配合比换算成施工采用的施工配合比。

三、混凝土配制方法及注意事项

1. 配制方法

混凝土原材料在搅拌前，必须经过混凝土配料机进行准确配料，确保各材料比例符合施工配合比要求，之后才可进入搅拌机搅拌。混凝土配料机必须经过计量检定，并定期复检。搅拌机在加水时，应依据用水量和水速准确计算水流的秒数。混凝土搅拌时间应不小于作业规程要求的时间，掺有外加剂时，搅拌时间应适当延长，在掺有掺合料（如粉煤灰等）的混凝土时，宜先以部分水、水泥及掺合料在机内拌和后，再加入砂、石及剩余水，并适当延长拌和时间。

2. 注意事项

（1）进行混凝土配料前，必须经过具有相应资质的实验室进行配合比试验。

（2）配料机必须经过具有相应资质的计量机构进行计量检定。

（3）混凝土搅拌工作人员必须经过岗位培训合格，具有相应的操作技术水平。

（4）配制混凝土前应做好各种原材料的进场复检工作，过期的或不合格的原材料严禁使用，施工用水应经过试验检测，确保不含损害混凝土质量的成分。

（5）水泥、外加剂应妥善保管，防止受潮、结块、失效。

（6）应按照施工作业规程要求的顺序进行各种原材的搅拌，严禁违规操作。

（7）当发现配料机配料不准时，要及时停下来进行检修，避免造成施工质量问题。

四、其他原材料相关知识

1. 井筒常用钢材知识

井筒施工常用的钢材基本上都属于碳素结构钢和低合金结构钢等品种，经热轧或冷轧、冷拔及热处理等工艺加工而成。

1）常用钢材的工作性能

（1）抗拉性能。抗拉性能指标是反映钢材品质的最基本技术性能指标，包括强度、弹性模量、伸长率等。一般通过拉伸试验获得。

（2）抗冲击性能。钢材的抗冲击性能用冲击韧性指标表示。钢材的冲击韧性受钢的化学成分、组织状态、冶炼和轧制质量，以及温度和时效等的影响。

（3）耐疲劳性。钢材在交变载荷反复作用下，在远小于抗拉强度时发生突然破坏，叫作疲劳破坏。耐疲劳性能对于承受反复荷载的结构来说是一种很重要的性质。

（4）硬度。硬度是表示钢材表面局部体积范围抵抗外物压入能力的指标，是评价部件承受磨损作用的重要参数。

（5）冷弯性能。冷弯性能是指钢材在常温下加工的抵抗发生裂缝的能力，由冷弯试验检验。

（6）钢材的可焊性。可焊性用以评价钢材受焊接热作用的影响。可焊性好表示焊接安全、可靠、没有焊接裂缝、接缝的抗冲击韧性及热影响区的延性和力学性能不低于母材。钢材的可焊性与钢材的化学成分有关，可用专门的试验检验。

（7）抗腐蚀性。抗腐蚀性差是钢结构的一大弱点。目前防止钢材腐蚀的主要办法是在钢材表面涂防腐涂料。

2）常用钢材品种及基本知识

（1）线材直径5～9 mm的盘条与热轧直条材料，包括普通线材与优质线材。

（2）型钢根据尺寸大小又分为大、中、小型。每种型钢又包括直条材料（直径10 mm以上的圆钢、方钢、六角钢等）、扁钢、工字钢、槽钢、角钢等。混凝土中的钢筋属于小型型钢，包括热轧圆钢筋与螺纹钢筋，钢筋的直径可以达到40 mm。

角钢、工字钢、H型钢和槽钢可以作为受力构件使用，使用时应根据其受力特性选择。一般情况下，工字钢不宜单独作为轴心受压或双向弯曲构件；槽钢是对称结构，受轴心压或受弯时容易扭曲；H型钢两个主轴方向的惯性矩近乎相等，构件受力合理。

2. 防水卷材

防水卷材可以分为沥青基、塑料基、橡胶基卷材。在双层井壁的井筒施工中常常在内外层井壁间铺设防水层，多数为塑料基卷材，具有机械强度高、耐老化、耐腐蚀性的特点。

第二节 井筒混凝土支护工艺流程

目前，井筒砌壁均使用整体液压金属模板（敞口式、窗口式两种），段高为2.3～4.0 m，MJY型系列模板应用最为广泛。一般采用3台凿井绞车悬吊，并集中控制。模板由模板主体、伸缩模板、大模刃脚、液压油缸等部分组成。模板主体由上、下两段组合而成，刚度很大。上段模板顶部设多个浇筑窗口，下段模板设有一个处理故障的门扇；刃脚由组合角钢与钢板焊接而成；液压油缸由3～5套推力双作用单活塞油缸、风动高压油泵、多种控制阀等组成。由于模板刚度大，通过油缸的强力收缩使金属模板产生弹性变形，可实现单缝收缩脱模，油缸撑开即恢复模板设计直径和圆度。

模板要擦油或涂脱模剂（间隔2～3摸涂一次油）。工作面找平后，在模板刃角下口铺设一层黄砂，整体下放模板。下放模板时，迎头所有人员向井筒中心靠拢，避开模板，下放模板要专人指挥，通过点铃向地面集中控制操作室发出指令。由地面值班电工集控操纵所有模板悬吊稳车。下放模板前，观察检查模板绳状况和模板受阻情况，下放过程要做到平稳、慢速、同步。模板下放到底后，开动风动液压脱模机使大模板全圆张开达到设计周长（大模板上有限位装置）。下放井筒中心线尺量模板半径，通过钢丝绳的升降调整模板的平面位置，使模板半径达到设计要求。在模板下放和调整期间，井下指挥者和地面操作者要一直保持联系。地面和井下都要安排人一直观察模板悬吊绳的受力状况。找线调整模板绳时尽量做到只松不起或多松少起，或即起即松，特别要避免单独过度地起提某一根钢丝绳。拉模板时，模板绳阻力大，立即停止，严禁强拉强拽，待查明原因处理后方可拉模板。拉模板时集控操作人员必须时刻关注电流大小，避免拉断模板绳。大模板找线完毕，还要检查底口是否有漏灰缝隙，如有缝隙及时用水泥袋子封堵并用浮矸埋好。模板的限位顶丝旋紧，高压油管和闭锁收拾整齐，用塑料布盖好。经验收合格后，方可进入下道工序施工。

工艺流程：工作面找平—落模、找线—地面拌制混凝土—下放分灰器—底卸式吊桶下放混凝土—分灰器分灰入模—振捣—合茬。

第三节 井筒支护质量要求

井筒支护质量应严格按照《煤矿井巷工程质量验收规范》（GB 50213—2010）的相关规定进行控制。

一、模板质量要求

（1）模板及其支架应根据工程结构形式、工程类型、荷载大小、岩土类别、施工设备和材料供应、允许误差等条件进行设计。

（2）在浇筑混凝土之前，应对模板工程进行验收。模板安装后和浇筑混凝土过程中，应对模板及其支架进行观察和维护。发生异常情况时，应按施工技术方案及时处理。

（3）模板（含碹胎）的材质、规格及模板结构承载力、刚度应符合设计、作业规程及国家现行有关标准的规定。

检验方法：对照设计、规程、规范进行检查。由正规厂生产的定型模板，检查出厂合格证和说明书，并在使用前组装校验；由施工单位自行设计、加工的非定型模板，应在出厂前进行整体组装、调试、检测，由监理、建设、施工、加工等单位组织检查验收。对于重复使用的模板经检修和整形后，也应按上述检验方法进行检查。

（4）冻结法施工的立井，内层井壁采用整体滑升钢模板时，井下首次组装规格的允许偏差应符合表8－1的规定，在浇筑混凝土前由监理组织建设、施工等单位检查验收。

表8－1　立井整体滑升模板井下首次组装规格的允许偏差

检 查 项 目	允许偏差/mm
模板半径	0～10
提升架在两个方向的垂直度	≤5
安装千斤顶辐射梁的水平度（全长）	≤5
模板上口半径	±5
模板下口半径	±5
提升架前后位置	±5
提升架左右位置	≤10
千斤顶中心垂直线	≤5
相邻模板的表面平整度	≤5
安装千斤顶横梁高差	±10
操作盘的平整度	±20
井筒中心线	±5

（5）对立井普通法凿井单层混凝土井壁和冻结法凿井外层钢筋混凝土井壁，采用整体移动式钢模板在井下首次组装规格的允许偏差应符合表8－2的规定，在浇筑混凝土前应由监理、建设、施工等单位共同检查验收。

表8－2　立井整体移动式钢模板井下首次组装规格的允许误差

序号	检 查 项 目	允许误差/mm
1	半径	10～40
2	上下口垂直度	≤10

表 8-2（续）

序号	检 查 项 目	允许误差/mm
3	接缝宽度	≤3
4	相邻两模板间高低差	≤5
5	接茬平整度	≤5
6	井筒中心线	±5

（6）立井采用组合钢模板时，在井下组装规格的允许偏差应符合表 8-3 的规定。

表 8-3　立井组合钢模板组装规格的允许偏差

序号	检 查 项 目		允许偏差/mm
1	模板半径	有提升	10~40
		无提升	-30~+50
2	垂直度		≤10
3	接缝宽度		≤3
4	相邻两模板间高低差		≤10
5	接茬平整度		≤5

（7）立井支模时应保证混凝土厚度不小于设计厚度 50 mm。

（8）井筒相关硐室采用的组合钢模板，在井下组装规格的允许偏差和检验方法应符合表 8-4 的规定。

表 8-4　硐室组合钢模板组装规格的允许偏差和检验方法

序号	检查项目		允许偏差/mm	检 验 方 法
1	基础深度		-30~+100	腰线下尺量检查点两墙模板的基础深度
2	轴线位移		≤5	尺量检查点硐室中心线至模板碹胎中心线的距离，每模两端各设一个测点
3	底模上表面标高		±10	拉水平线、尺量检查
4	截面内部尺寸	基础	±10	尺量检查
		墙	±10	尺量检查
5	垂直度（墙高低于 5 m）		≤10	挂垂线，尺量检查
6	相邻模板表面高差		≤5	尺量检查
7	表面平整度		≤5	2 m 靠尺和塞尺，尺量检查

二、钢筋工程质量要求

（1）钢筋和钢筋制成品的品种、规格、性能应符合设计要求和国家现行有关标准的规定，当钢筋的品种、级别或规格需作变更时，应办理设计变更手续。

（2）立模前，应进行钢筋隐蔽工程验收，其内容包括：

①纵向、横向钢筋的品种、规格、数量、位置等。

②钢筋的连接方式、接头位置、接头数量、接头面积百分率等。

③钢筋的品种、规格、数量、间距等。

④预埋件的规格、数量、位置等。

（3）钢筋和钢筋制成品进场时应对品种、规格、出厂日期等进行检查，应对强度及其他必要的性能指标按批进行复检，其质量应符合国家现行有关标准的规定。检查时，应按同一生产厂家、同一等级、同一品种、同一批号且连续进场的钢筋和钢筋制成品按规定60 t为一批（不足60 t按一批计），每批抽检一次。其中冷拉钢筋每批数量不应大于20 t，冷拔低碳钢丝每批数量不大于5 t，冷轧扭钢筋每批数量不大于10 t，逐批次检查产品合格证、出厂检验报告和进场复检报告。

（4）焊条、焊剂的牌号和性能应符合设计要求和国家现行有关标准的规定，检查出厂合格证。

（5）钢筋加工的规格应符合设计要求，钢筋下井前应尺量检查。

（6）钢筋搭接长度应符合设计要求，搭接接头错开应符合国家有关标准的规定。分段施工的井筒井壁或巷道钢筋搭接接头错开难以做到时，全截面内的钢筋应保证搭接长度符合国家现行有关标准的规定。钢筋机械连接宜选用直螺纹接头，但应满足规定的性能要求。

（7）钢筋或钢筋网片的绑扎应符合下列规定：扎丝规格符合设计规定；缺扣、松扣的数量不得超过应绑扎量的20%，且不应连续。

（8）钢筋或钢筋网片的焊接应符合以下规定：骨架不漏焊、开焊，网片的漏焊、开焊点不得超过应焊点数的4%，且不应连续。

（9）钢筋位置的允许偏差应符合表8－5的规定。

表8－5 钢筋位置的允许偏差

序号	检查项目		允许偏差/mm
1	受力钢筋	间距	±20
		排距	±10
2	箍筋、构造筋间距		±30
3	受力钢筋保护层		±10

每个施工循环模板安装前应尺量检查间、排距最大值、最小值。

三、混凝土施工质量要求

（1）混凝土所使用的原材料（水泥、砂、石子、外加剂、水等）应按照《煤矿井巷工程质量验收规范》（GB 50213—2010）规定检查相应合格证书、试验报告，并按要求进行取样复检。

（2）首次使用的混凝土配合比，应由具备相应资质的实验室试验后确定，其性能应在满足经济、合理的条件下达到设计要求。

(3) 混凝土强度应符合设计要求，按规范要求进行抽样试件强度检验。当混凝土试件强度评定不合格时，可采用非破损或局部破损的检测方法，按国家现行有关标准的规定对结构构件中的混凝土强度进行推断，并作为处理的依据。

(4) 混凝土浇筑后，应采取有效的养护措施，除冻结井筒外层井壁混凝土外其他应符合以下规定：

①混凝土浇水养护的时间：采用硅酸盐水泥、普通硅酸盐水泥或矿渣硅酸盐水泥拌制的混凝土，不得少于7天；掺用缓凝型外加剂或有抗渗要求的混凝土，不得少于14天。

②预制钻井井壁混凝土浇筑完毕后，应洒水、保湿养护，冻结段采用滑升模板浇筑的内层井壁，拆模2 h后，应洒水、保湿养护，养护用水应与拌制用水温度基本相同。

(5) 在地面配制混凝土时，除符合设计要求和国家有关标准的规定外，还应符合下列规定：

①雨季施工必须有防雨措施。

②寒冷季节施工，冻结段混凝土的入模温度要求内层井壁不得低于10 ℃，外层井壁不得低于15 ℃；预制钻井井壁应有防寒防冻措施。

③炎热季节施工应采取防暴晒措施；混凝土入模温度不得超过30 ℃。

(6) 井巷混凝土、钢筋混凝土支护工程断面规格的允许偏差应符合表8－6的要求。

(7) 井巷混凝土支护壁厚的允许偏差应符合下列规定：

①立井局部（连续长度不得大于井筒周长的1/10，高度不得大于1.5 m）不小于设计壁厚50 mm。

②硐室局部（连续高度、宽度1 m范围内）不小于设计壁厚30 mm。

(8) 混凝土支护的表面应无明显裂缝；1 m^2 范围内蜂窝、孔洞等不超过2处。

(9) 立井壁后充填饱满密实，无空帮现象。

表8－6 井巷混凝土、钢筋混凝土支护工程断面规格的允许偏差

序号	检查项目				允许偏差/mm
1	立井	井筒净半径		有提升	0～50
				无提升	±50
2	硐室	净宽	中线至任一帮距离	机电硐室	0～50
				非机电硐室	－30～＋50
		净高	腰线至顶、底板距离	机电硐室	0～50
				非机电硐室	－30～＋50

(10) 建成后的井筒及硐室漏水量及防水标准应符合《煤矿井巷工程质量验收规范》（GB 50213—2010）的规定。

(11) 井巷混凝土支护工程的允许偏差和检验方法应符合表8－7的规定。

表8-7 井巷混凝土支护工程的允许偏差和检验方法

<table>
<tr><th rowspan="2">序号</th><th rowspan="2" colspan="2">检查项目</th><th colspan="2">允许偏差/mm</th><th rowspan="2">检验方法</th></tr>
<tr><th>立井</th><th>斜井、平硐、硐室、巷道</th></tr>
<tr><td>1</td><td colspan="2">基础深度</td><td>—</td><td>≥0</td><td>检查点两墙腰线下尺量检查</td></tr>
<tr><td>2</td><td colspan="2">接茬</td><td>≤30</td><td>≤15</td><td>尺量检查点一模两端接茬最大值</td></tr>
<tr><td>3</td><td colspan="2">表面平整度</td><td>≤10</td><td>≤10</td><td>用2 m直尺量检查点上最大值</td></tr>
<tr><td>4</td><td colspan="2">预埋件或预留孔中心线偏移</td><td>≤20</td><td>≤20</td><td>挂中心线尺量</td></tr>
<tr><td>5</td><td colspan="2">预留巷道底板标高</td><td>±50</td><td>±20</td><td>拉线尺量</td></tr>
<tr><td rowspan="2">6</td><td rowspan="2">预留梁窝位置</td><td>上下层间距</td><td>±25</td><td>—</td><td rowspan="2">拉线尺量</td></tr>
<tr><td>垂直中心线左右</td><td>±20</td><td>—</td></tr>
</table>

四、锚杆支护质量要求

（1）锚杆的杆体及配件的材质、品种、规格、强度必须符合设计要求。锚杆进场后，应检查产品出厂合格证或出厂试验报告和抽样检验报告。不同规格的锚杆进场后，在施工前，同一规格的锚杆每1500根或不足1500根的抽样检验应不少于一次。

（2）水泥卷、树脂卷和砂浆锚固材料的材质、规格、配比、性能必须符合设计要求。锚杆进场后，检查产品出厂合格证或出厂试验报告和抽样检验报告，在施工前，每3000卷或不足3000卷的每种锚固材料进场后抽样检验应不少于一次。

（3）锚杆安装应牢固，托板密贴壁面、不松动。锚杆的拧紧扭矩不得小于100 N·m。在每循环施工中应逐根用扭力扳手测扭矩。

（4）锚杆的抗拔力最小值不小于设计值的90%，锚杆抗拔力试验应每300根取样1组，每增加1~300根多取样1组。

（5）锚杆（或预应力锚杆）、锚网、锚网背支护的井巷工程净断面规格的允许偏差应符合表8-8的规定。

表8-8 锚杆（或预应力锚杆）、锚网、锚网背支护立井和硐室净断面规格的允许偏差

<table>
<tr><th>序号</th><th colspan="4">项目</th><th>允许偏差/mm</th></tr>
<tr><td rowspan="2">1</td><td rowspan="2">立井</td><td rowspan="2" colspan="2">井筒净半径</td><td>有提升</td><td>0~+150</td></tr>
<tr><td>无提升</td><td>-50~+150</td></tr>
<tr><td rowspan="4">2</td><td rowspan="4">硐室</td><td rowspan="2">净宽</td><td rowspan="2">中线至任一帮距离</td><td>机电硐室</td><td>0~+100</td></tr>
<tr><td>非机电硐室</td><td>-20~+150</td></tr>
<tr><td rowspan="2">净高</td><td rowspan="2">腰线至顶、底板距离</td><td>机电硐室</td><td>-30~+100</td></tr>
<tr><td>非机电硐室</td><td>-30~+150</td></tr>
</table>

（6）锚杆的间、排距的允许偏差应为±100 mm。施工班组检查每循环中最大和最小的间、排距，中间、竣工验收时，按规定选检查点和测点。

（7）锚杆孔的深度应不大于锚杆设计有效长度的50 mm，且不小于锚杆设计有效长。

施工班组每循环中逐孔检查，中间或竣工验收时，按规定选检查点抽查。

（8）锚杆孔的方向与井巷的轮廓线的角度或与层理面、节理面、裂隙面夹角不应小于75°。检查时，插杆用半圆仪每循环中逐孔检查。中间或竣工验收时，按规定选检查点抽查。

（9）锚杆支护井巷工程的锚杆外露长度应不大于50 mm，检查时，插杆用尺量每循环中逐孔检查。中间或竣工验收时，按规定选检查点抽查。

五、喷射混凝土支护工程质量要求

（1）喷射混凝土所用的水泥、水、骨料、外加剂的质量应符合施工组织设计的要求。每批水泥、骨料、外加剂进场后抽样检查不应少于一次；对使用水源应做pH值检验，水源发生变化时应重新检验。

（2）喷射混凝土的配合比和外加剂掺量应符合国家标准《岩土锚杆与喷射混凝土支护工程技术规范》（GB 50086—2015）的有关规定。

（3）喷射混凝土抗压强度的检验应符合有关规定。

（4）喷射混凝土支护井巷工程净断面规格的允许偏差应符合表8－8的规定。

（5）喷射混凝土厚度应不小于设计值的90%。在中间或竣工验收时，按规范选检查点，在检查点断面内均匀选3个测点，采用打眼尺量的方法检查喷厚。

（6）喷射混凝土的表面平整度和基础深度的允许偏差和检验方法应符合表8－9的规定。

表8－9 喷射混凝土支护表面平整度和基础深度的允许偏差及检验方法

序号	项目	允许偏差	检 验 方 法
1	表面平整度	≤50 mm	用1 m靠尺和塞尺量检查点上1 m^2 内的最大值
2	基础深度	≤10%	尺量检查点两墙基础深度

第四部分

井筒掘砌工高级技能

第九章　施工前准备

第一节　绘制井筒施工图基础知识

一、绘图工具

在计算机辅助设计以前，绘图的基本工具主要包括铅笔、图板、丁字尺、三角板、圆规、分规、比例尺等。而目前，绝大多数施工图使用计算机辅助设计，常用的软件是 AutoCAD。

不论使用何种工具，绘图的原则和制图步骤是基本一致的。

二、绘图基本规则

为了做到工程图基本统一，清晰简明，提高制图效率，绘制时应符合基本规则。

1. 图幅

图幅即图纸尺寸的大小，为合理使用图纸，便出现了图框。图框是指绘图范围的界限，所有图纸的幅面及图框尺寸应符合表 9－1 及图 9－1 的规定。

表9－1　图幅及图框的尺寸

基本幅面代号	A_0	A_1	A_2	A_3	A_4
$b \times l$/(mm × mm)	841 × 1189	594 × 841	420 × 594	297 × 420	210 × 297
c/mm	10			5	
a/mm	25				

图纸的使用方式有两种：横式和立式。一般情况下 $A_0 \sim A_3$ 图纸横式使用，必要时也可立式使用。在选用图纸幅面时，应以一种规格为主。特殊情况下，允许加长 $A_0 \sim A_3$ 图纸的长边，但应遵守国家标准所规定的尺寸。图纸的短边不得加长。需要微缩复制的图纸，在幅面四周的中点处应画出对中标志。对中标志线宽 0.35 mm，深入图框内 5 mm，如图 9－1 所示。

2. 标题栏与会签栏

图纸的右下角画有图纸的标题栏，简称图标。图纸要求不严格时，其格式和内容可以根据需要自行确定。会签栏是各专业负责人签字用的，不需要时可以不设。

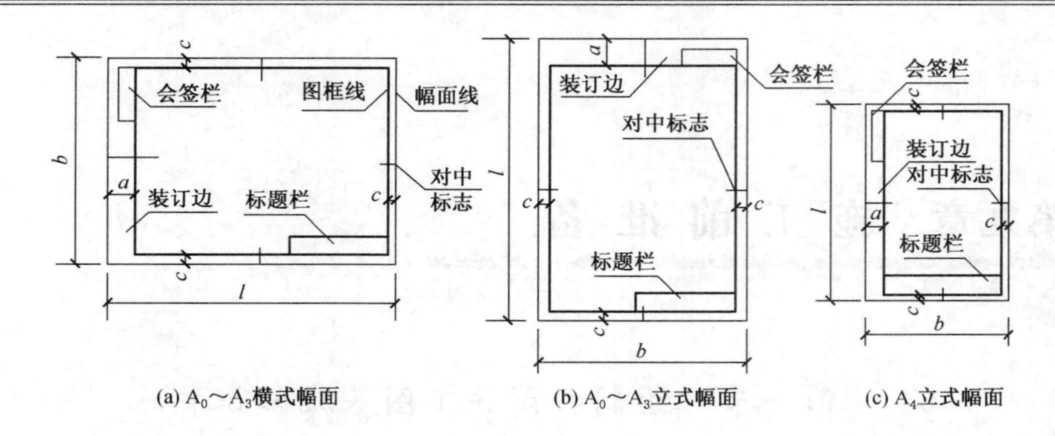

(a) A_0～A_3横式幅面　(b) A_0～A_3立式幅面　(c) A_4立式幅面

图 9－1　图框格式

3. 图线

图线的宽度 b 宜从 1.4 mm、1.0 mm、0.7 mm、0.5 mm、0.35 mm、0.25 mm、0.18 mm、0.13 mm 线宽系列中选取。图线宽度不应小于 0.1 mm。每个图样应根据复杂程度与比例大小，先选定基本线宽 b，然后再通过表 9－2 选择对应线型的对应线宽。

表 9－2　图线的线型和宽度

名称		线型	线宽	一般用途
实线	粗	——	b	主要可见轮廓线
	中粗	——	$0.7b$	可见轮廓线
	中	——	$0.5b$	可见轮廓线、尺寸线、变更云线
	细	——	$0.25b$	图例填充线
虚线	粗	- - - -	b	见有关专业制图标准
	中粗	- - - -	$0.7b$	不可见轮廓线
	中	- - - -	$0.5b$	不可见轮廓线、图例线
	细	- - - -	$0.25b$	图例填充线
点划线	细	—— - ——	$0.25b$	中心线、对称线等
双点划线	细	—— - - ——	$0.25b$	假想轮廓线
折断线		——\/——	$0.25b$	断开界限
波浪线		∽∽	$0.25b$	断开界限

图线的画法和要求：

（1）同一张图纸中，相同比例的图样应选用相同的线宽组。

（2）相互平行的图线，其净间隙不宜小于粗线的 2 倍，也不得小于 0.7 mm。

（3）同一张图纸中，虚线、点划线和双点划线的线段长度及间隔大小应各自相等。

（4）如图形较小，画点划线和双点划线有困难时，可用细实线代替。

（5）点划线或双点划线的首尾两端应是线段而不是点，点划线与点划线或与其他图线相交，应交于线段。

（6）虚线与虚线或虚线与其他图线相交时，应交于线段处。虚线是实线的延长线时，应留有空隙，不得与实线相接。

（7）图线不得与文字、数字或符号重叠，混淆，不可避免时，应首先保证文字等清晰。

4. 字体

图纸上所需书写的文字、数字或符号等均应笔画清晰、字体端正、排列整齐，标点符号应清楚正确。图纸中字体的大小应依据图纸幅面、比例等情况从国家标准规定的下列字高系列中选用：2. 5 mm、3. 5 mm、5 mm、7 mm、10 mm、14 mm、20 mm。如需要更大的字，其高度应按$\sqrt{2}$的比值递增，并取毫米整数。

图样及说明中的汉字，宜采用长仿宋体（矢量字体）或黑体，同一图纸字体种类不应超过两种。长仿宋体的宽度与高度的关系应符合表 9 - 3 的规定，黑体字的宽度与高度应相同。

表9-3　长仿宋字高宽关系　mm

字高	20	14	10	7	5	3. 5
字宽	14	10	7	5	3. 5	2. 5

图样及说明中的拉丁字母、阿拉伯数字与罗马数字，宜采用罗马字体，高度不应小于2. 5 mm。

5. 比例和图名

比例应为图形与实物相对应的线性尺寸之比，比例的大小是指比值的大小，如 1∶50 比 1∶100 大，绘图的比例见表 9 - 4。比例写在图名右侧，比图名字号小一号或二号，图名下画一横粗线，粗度不粗于本图纸所画图形中粗实线，横线长度应以所写文字所占长短为准，不能任意画长。当一张图纸中的各图只用一种比例时，也可把该比例单独写在图纸标题栏内。

表9-4　绘图所用比例

常用比例	1∶1，1∶2，1∶5，1∶10，1∶20，1∶50，1∶100，1∶200，1∶500，1∶1000，1∶2000，1∶5000，1∶10000，1∶20000，1∶50000，1∶100000，1∶200000
可用比例	1∶3，1∶25，1∶30，1∶40，1∶40，1∶60，1∶150，1∶250，1∶300，1∶400，1∶600，1∶1500，1∶2500，1∶3000，1∶4000，1∶6000，1∶15000，1∶30000

6. 尺寸标注

在工程图中，图样可表示物体的形状，而物体的真实大小由图样上所标注的尺寸来确定。有了尺寸的图纸才能作为施工的依据。

尺寸标注有 4 个要素：尺寸界线、尺寸线、尺寸起止符号、尺寸数字。

1）尺寸界线

尺寸界线应用细实线绘制，一般应与被标注长度垂直，其一端应离开图样轮廓线不小于2 mm，另一端宜超出尺寸线2～3 mm。必要时，图样轮廓线、中心线及轴线允许用作尺寸界线。

2）尺寸线

尺寸线应用细实线绘制，并应与被标注的长度平行，且不得超出尺寸界线。其他任何图线不得用作尺寸线。

3）尺寸起止符号

尺寸线与尺寸界线的相交点是尺寸的起止点。在起止点处画出表示尺寸起止的中粗斜短线，称为尺寸的起止符号。中粗斜短线的倾斜方向应与尺寸界线成顺时针45°，长度宜为2～3 mm。半径、直径、角度与弧长的尺寸起止符号宜用箭头表示。箭头尺寸起止符号如图9－2所示。

4）尺寸数字

在工程图上，一律用阿拉伯数字标注工程形体的实际尺寸，它与绘图所用的比例无关，图样上尺寸单位，除标高及总平面图以m为单位外，均必须以mm为单位。因此，图样上的尺寸数字无须注写单位。尺寸数字的读数方向应按图9－3a的规定注写。若尺寸数字在30°斜线内，宜按图9－3b的形式注写。

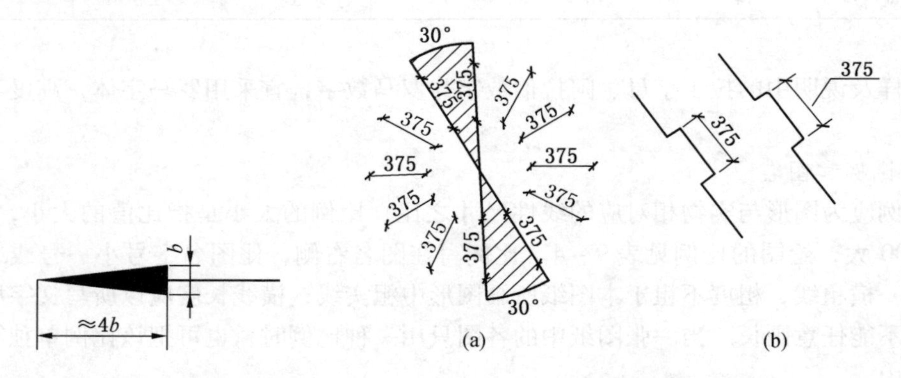

图9－2 箭头尺寸起止符号　　图9－3 尺寸数字的读数方向

尺寸数字应依据其读数方向注写在靠近尺寸线的上方中部，如没有足够的注写位置，最外边的尺寸数字可注写在尺寸界线的外侧，中间相邻的尺寸数字可错开标写，也可以引出注写。

半径、直径、角度的注法如图9－4所示，半径、直径、角度的起止符号要用箭头表示。表示直径或半径的尺寸应通过圆心，较小的半径和直径可标注在圆弧外部。标注半径或直径时，在数字前应加注半径符号R或直径符号ϕ。角度的数字一律按水平方向注写。

三、断面图和剖面图

画图时只画剖切平面P切到的部分的图形称为断面图，又称为截面图如图9－5c所示。除画出断面图形外，再画出沿沿头一个方向看到的轮廓线所得的图形称为剖面图，如图9－5d所示。

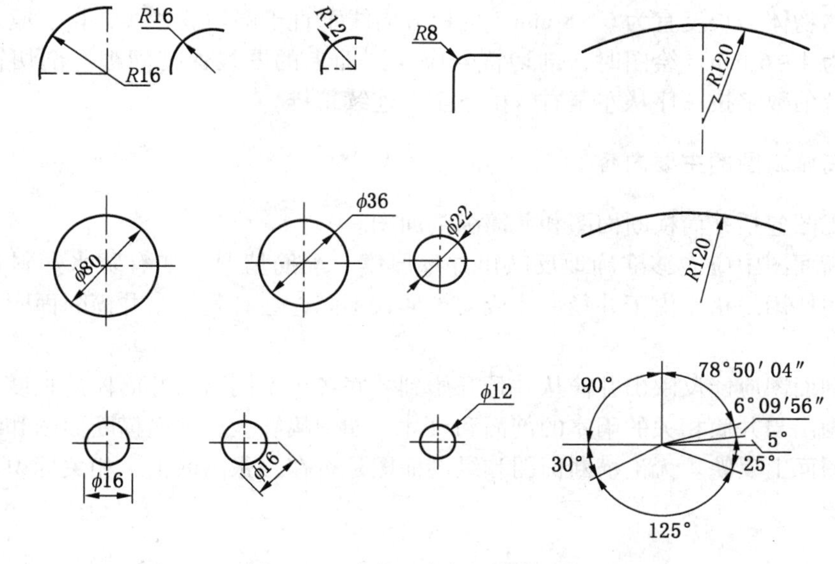

图9-4　半径、直径、角度的标注

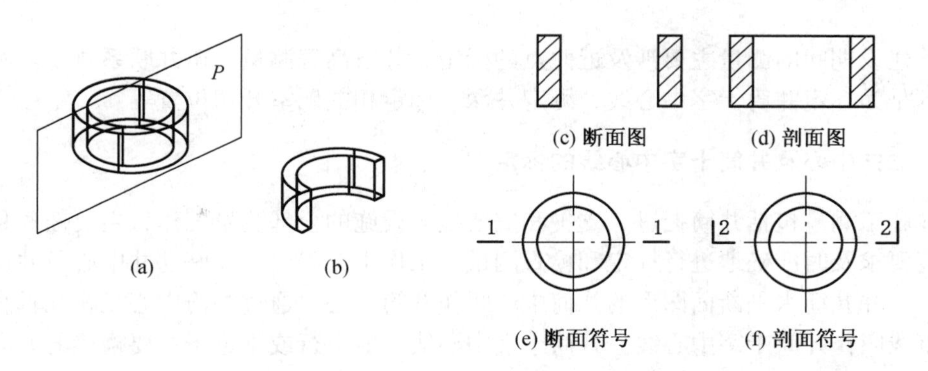

图9-5　断面图与剖面图的区别

从断面图与剖面图的含义可以看出，断面图与剖面图的主要区别是：断面图只画出被剖切平面剖切到的部分；剖面图除画出断面图之外，还必须画出沿投影方向能看到部分的图形。

1）断面图的画法

断面图的剖切位置可以任意选定，当确定了剖切位置后，在投影图上用剖切符号标明剖切位置，如图9-5e所示。断面图的编号用阿拉伯数字依次编写，如图9-5中1-1断面所示，编号的数字要写在投影方向一侧，也就是编号的数字在哪边，就表示剖开后对哪边进行投影。

2）剖面图的画法

剖面图的剖切位置可以任意选定。但是根据经验：形体具有对称性时，剖切位置一般选择在对称位置上；形体有孔、洞槽时，剖切位置一般选择在孔、洞、槽的中心线上。剖切图的剖切位置，决定着剖面图的形状，作图时必须用剖切符号标明（图9-5e、图9-5f），其是由剖切位置和投影方向线组成的，并且均应采用粗实线绘制。剖切位置线垂直指向被剖切的物体，长度宜为 6 ~ 8 mm。剖切方向线垂直于剖切位置线，长度应短于剖切位置线，宜为 4 ~ 6 mm。绘图时，剖切符号应与图面上的图线保持间隙。剖切符号的编号，宜用阿拉伯数字按顺序从左至右、由下至上连续编排。

四、井筒施工图的主要内容

井筒施工图包括井筒横断面图和井筒纵剖面图。

井筒横断面图中应能够准确地反映出井壁厚度、配筋情况。如有防水塑料板、泡沫板，也应标明使用规格。由于井径变化或支护样式不同，会有若干个井筒断面图，应依次按顺序画出。

井筒纵剖面图应能反映出井筒从井颈开始到井底各个不同断面井筒段的长度，如图幅够大，还应画出与井筒相关的硐室的剖面和尺寸。如图幅够大，井筒横断面图和纵剖面图应在同一张图面上反映。无论横断面图和纵剖面图是否在一张图面上，相关标识应尽量关联，便于阅图。

第二节　井筒施工测量知识

立井建设期间的测量主要涉及近井点的标定、井下高程测量、矿井联系测量。测量的主要任务是为标定井筒十字中心线、测定井深、标定相关硐室开切位置等。

一、立井中心及井筒十字中心线的标定

立井施工测量包括井筒掘进、支护和安装提升设施的全部测量工作，主要任务是按设计和规范要求及时准确地进行标定和检查测量。工作中首先要标设好立井中心及井筒十字中心线。立井井筒水平断面图形的几何中心叫作井筒中心，通过井筒中心且相互垂直的两条水平直线叫作井筒十字中心线。井筒十字中心线一般平行或垂直于主要罐梁的方向，其中垂直于立井提升绞车主轴中线方向的十字中心线叫作主十字中心线。通过井筒中心的铅垂线称为井筒中心线，井筒中心线和十字中心线是立井掘进、支护和安装的依据，也是立井检修、改造和延深的重要依据，施工人员应将其标定到井口工业场地上。随着立井的掘进，十字中心线还可转设到井筒锁口面或井底混凝土支护的井壁上。

立井井筒中心的标定通常采用极坐标法。如图 9 - 6 所示，O 为井筒中心点、A 为近井点。按 O 点的设计坐标和 A 点的实测坐标反算，求出 AO 的坐标方位角 α_{AO} 和距离 s。再按已知边 AB 的方向计算转角 γ。将经纬仪置于 A 点，便可标设出 O 点，并打上木桩。

按图 9 - 6 中的坐标方位角与设计给出的主十字中心线 Ⅰ - Ⅰ 的方向，计算转角 β。仪器置于 O 点，后视 A 点，转设 β 角即得 Ⅰ - Ⅰ 方向，再转 90°便得 Ⅱ - Ⅱ 方向。

二、在井筒封口盘梁上标定井筒中心

封口盘梁井盖梁安好后，应将井筒中心标定在梁上，以便悬挂垂球线，指示井筒下掘。用角钢做成定点板，板上刻一小缺口，如图 9 - 7 所示。然后将角钢置于横梁上，用两台经纬仪校正缺口，使之位于井筒中心位置，并固定角钢，这时即可过缺口悬挂垂球线。另一种方法是使用滑轮代替定点板起到确定井筒中心位置的作用，如图 9 - 8 所示。

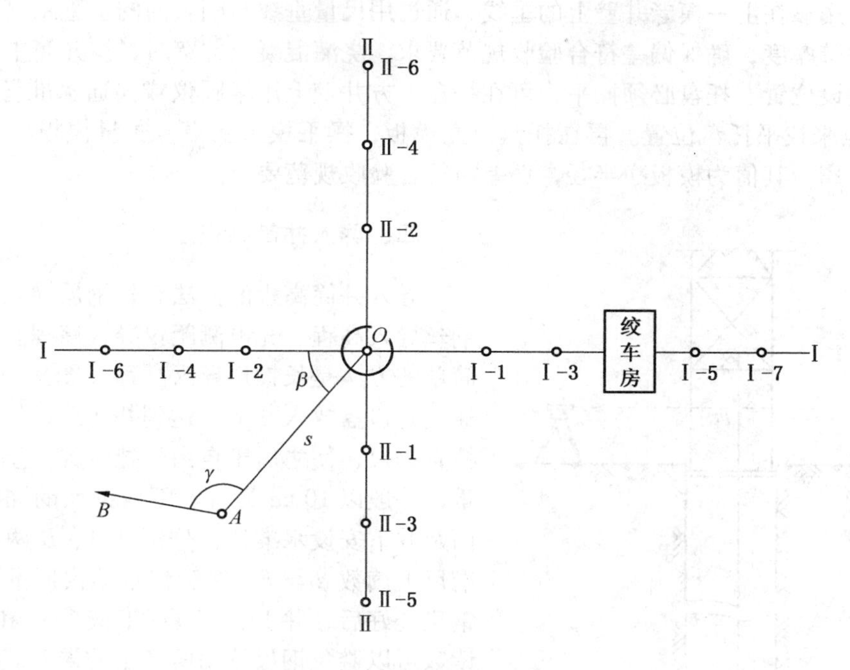

图9-6 立井井筒中心的标定

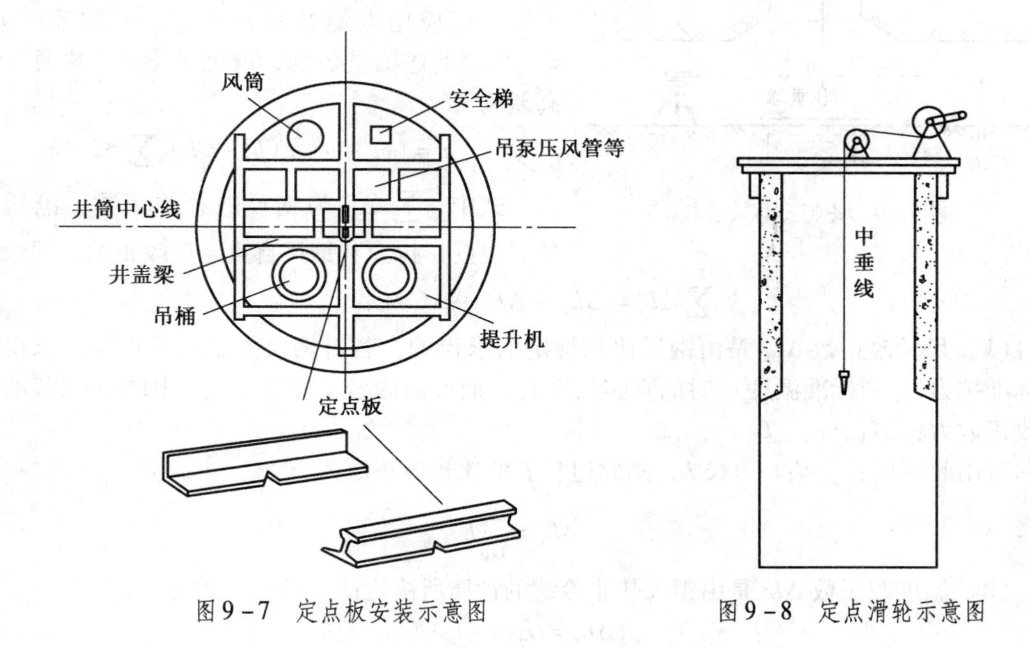

图9-7 定点板安装示意图　　图9-8 定点滑轮示意图

三、井筒掘进和支护时的测量

井筒支护一般采用混凝土或钢筋混凝土、索喷混凝土或锚喷混凝土等形式，无论何种形式都必须保证井筒净断面的几何形状和尺寸、井壁厚度及竖直度符合设计和规范要求，井筒掘进和支护时的测量工作主要根据井筒中心垂线来指导掘进半径和找正模板。掘进时，可以使用靠在上一模老井壁上的垂线，通过用尺量垂线与围岩面的垂直距离来保证掘进半径和井壁厚度，确保偏差符合验收规范要求。浇灌混凝土井壁时，按井筒中心垂线检查模板的安设位置。托盘必须操平，可在托盘上方井壁上用半圆仪或连通水准管标出 8～12 个等高点来找平托盘位置。再在托盘上立模板，操平模板上沿。丈量模板外沿到井中心垂线的距离，其值为模板净半径，偏差需符合验收规范要求。

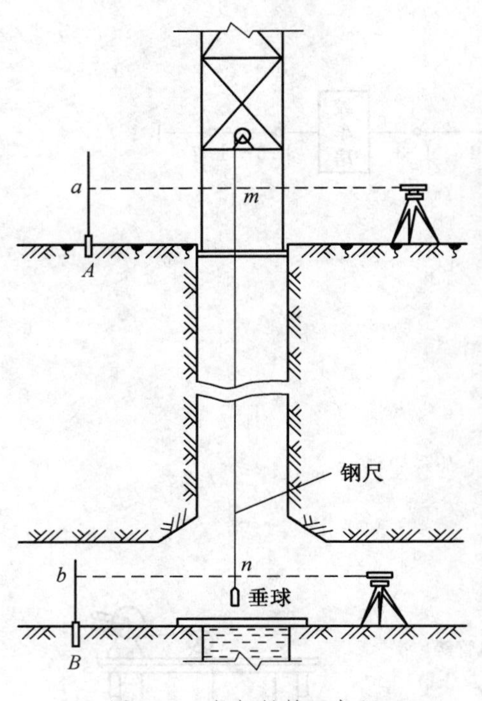

图 9－9 长钢尺导入高程

四、导入井筒高程

导入井筒高程的方法有长钢尺导入高程、长钢丝导入高程、光电测距仪导入高程。最常用和简单的方法是长钢尺导入高程（图 9－9），钢尺通过封口盘放入井下，达到井底后，挂上垂球以拉直钢尺，使之居于自由悬挂位置。垂球不宜太重，一般以 10 kg 为宜。下放钢尺的同时，在地面及井下安设水准仪，分别在 A、B 两点所立水准尺上读数 a 与 b，然后将水准仪照准钢尺。当钢尺挂好后，井上、下同时取读数 m 和 n。同时读数可以避免钢尺移动所产生的误差。最后再在 A、B 水准尺上读数，以检查仪器高度是否发生变动。还应用点温计测定井上、下的温度 t_1、t_2。根据上述测量数据，就能求得 A、B 两点的高差为

$$h=(m-n)+(b-a)+\sum\Delta L$$

式中，$\sum\Delta L$ 为钢尺的总改正数，包括尺长、温度、拉力和钢尺自重 4 项改正数。即

$$\sum\Delta L=\Delta L_k+\Delta L_t+\Delta L_p+\Delta L_c$$

（1）尺长改正数 ΔL_k 是由钢尺比长检定而求得的，若对钢尺做了比长检定，求得其在标准拉力 P_0 和标准温度 t_0 时的真实长度 L_0，而尺面的名义长度为 L_M，则整钢尺长的比长改正数为：$\Delta L_k=L_0-L_M$。

若用此钢尺丈量某一边长 L，则此边长 L 的比长改正数为

$$\Delta L_k=\frac{\Delta_k}{L_M}L$$

（2）温度改正数 ΔL_t 是由钢尺热胀冷缩的性质所决定的，计算公式为

$$\Delta L_t=L\alpha(t-t_0)$$

式中 α——钢的线膨胀系数，即温度变化 1 ℃时，1 m 长度钢尺的变化量，$\alpha=0.0000115$ m/m℃；

t_0——钢尺比长时的标准温度；

t——丈量边长 L 时的钢尺温度，这里使用井上、下温度的平均值。

（3）拉力改正数 ΔL_P 是由加载到钢尺端点的拉力 P 所确定的，测量井筒时拉力 P 为

垂球的重力，它的计算公式为

$$\Delta L_p = \frac{L}{EF}(P - P_0)$$

式中　E——钢尺的弹性系数，$1.96 \times 10^7\ N/cm^2$；

　　　F——钢尺的横断面积，cm^2。

（4）钢尺自重改正数 ΔL_c，是由于钢尺自重产生的钢尺伸长量而进行的改正，可以按照下式计算：

$$\Delta L_c = \frac{9.8\gamma}{2E}(m - n)^2$$

式中　　γ——钢尺的相对密度，即 $7.8\ g/cm^3$；

　　　　E——钢尺的弹性系数，$1.96 \times 10^7\ N/cm^2$；

　　$m - n$——井上、下两水准视线间的钢尺长度。

导入高程均需独立进行两次，也就是说在第一次进行完毕后，改变其井上、下水准仪的高度，并移动钢尺，用同样的方法再做一次。加入各种改正数后，前后两次之差按《煤矿测量规程》规定不超过 $l/8000$（l 为井上、下水准仪视线间的钢尺长度）。

五、井筒开切马头门时的测量

当井筒掘进到设计水平后，应检查高程及实际位置情况是否与设计相符，然后掘进马头门。

井下马头门的开切，通常是沿井筒主要十字线中线方向进行的，在井筒内该方向线上悬挂两根垂球线 A 和 B，并用描线法在稍高于马头门的井壁上设立 M、N 两点，悬挂垂球线，使 M、A、B、N 都在井筒主要十字中线上，并用描线法指示马头门的开切方向（图9-10）。

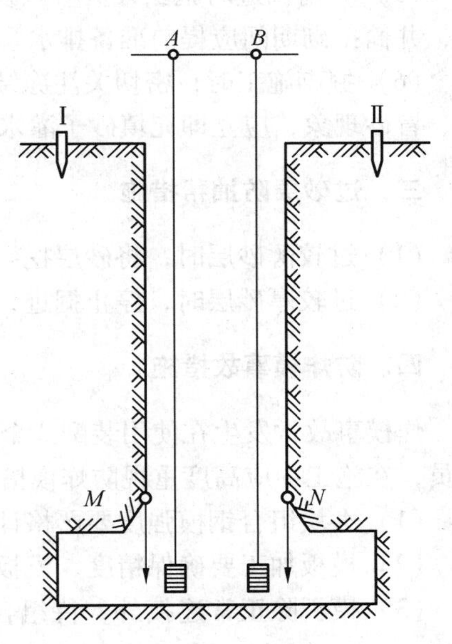

图9-10　井筒开切马头门标定示意图

第三节　突发事故的预防和处理

一、冻结段外层井壁防开裂、炸皮、掉渣预防和处理措施

井筒冻结段施工期间，若上部已施工的外壁出现开裂掉渣时，必须及时处理。要根据情况变化采取相应加固措施。若井壁开裂严重、变形较快，危及井筒安全时，应立即在井筒炸裂处架设型钢井圈，密布加固支护，型钢井圈采用对头连接，螺栓固定。要随时认真对加固后的外壁进行检查观测，在随后井筒施工中，一旦发现外壁继续破坏、变形严重，应立即与建设、监理、设计单位分析研究，制定下一步施工方案，一般应采取停止井筒施工，封闭迎头，提前进行内层井壁套砌施工。

二、冻结管断裂预防措施

（1）冻结与掘砌单位应密切配合好，及时做好冻结段爆破施工时的联系。

（2）制定合理的冻结方案，可利用盐水正反循环加快初期上部冻结土扩展速度，实现提前开挖和防止片帮，后期加强下部冻结增强冻结壁强度，以减少冻结壁蠕变防止断管。

（3）冻结站每日要派专人观察盐水箱的水位情况，时刻掌握各管路的盐水温度及流量，建立各供液管、回液管盐水水位预警系统，采用声光控制，能及时提供冻结管盐水渗漏信息。

（4）冻结管均安装闸阀，一旦发现有断管泄漏盐水现象，可及时关闭闸阀，检查并确定断管孔号，组织检修工作。

（5）井筒掘进时施工人员一旦发现有盐水泄漏应立即汇报，通知冻结站关闭盐水总阀，井筒掘砌期间应提前准备排水泵等抢险设施。

（6）掘砌施工时，密切关注冻结壁的发展变化情况，若出现严重的断管、开帮、涌水、冒砂现象，应立即充填砂子灌水，停止迎头施工，加强冻结。

三、过砂层防抽帮措施

（1）过较薄砂层时，将砂层挖到冻结壁再浇筑混凝土。

（2）过较厚砂层时，停止掘进，加强冻结待冻结壁强度符合要求后再施工。

四、防炸模事故措施

炸模事故常发生在使用装配式金属模板浇筑混凝土时，严重时可砸伤砸死或埋没施工人员，在施工中应高度重视防炸模措施，可采取如下防控措施：

（1）大块组合钢模强度要严格计算，安全系数要符合要求。

（2）模板加工要确保精度，模板组合连接孔要用钻头钻孔，严禁用乙炔气割孔。

（3）模板除正常连接外，待组合后在适当位置增设“保险销”，防止特殊情况发生事故。

（4）模板使用前，要有设计人员组装检查验收，确认符合设计后方可使用。组装检查验收要形成书面记录存档备案。

（5）严格控制混凝土的水灰比和坍落度，确保初凝时间符合预期，不符合设计的严禁使用。

（6）模板间的连接螺丝必须采用质量可靠的高强螺丝，螺丝两端加平垫圈。每模混凝土浇筑前，都要设专人检查钢模组装螺栓是否上齐紧固，保险销是否插好，待确认完好后下发混凝土浇筑通知书，浇筑混凝土通知书要存档备查。

（7）严格控制内壁套砌速度，密切关注混凝土的凝固情况。坚持上节混凝土凝固强度达不到初凝，绝不进行下节混凝土浇筑工作。

（8）混凝土应均匀对称浇筑，每浇筑 300 mm 振捣一次，保证分层浇筑分层凝固、先期浇筑先期凝固。

（9）每隔一块模板，采用木撑棍与井帮间进行加固，以确保结构稳定性。

五、井筒掘砌过程中防止片帮措施

冻结段表土层中黏土层所占比例高、层位厚、具有冻胀性的特点，应在井筒施工中引起重视。

由于黏土层的物理性质为遇水膨胀、受冻膨胀、暴露时间越长膨胀体积越大、质密、块状、较硬、剪度低，应从其物理性质及其影响因素入手解决问题。采取减少井壁水量、升高井壁温度、缩短井壁暴露时间、快速施工、开挖卸压槽、增强钢筋混凝土强度等方式解决过黏土层的井壁支护问题。

膨胀黏土层施工中常出现以下问题：

（1）黏土层膨胀，易片帮、抽帮危及施工安全。

（2）井壁钢筋施工时的机械连接方面易出现不规范现象。

（3）钢筋绑扎、模板固定后，黏土层膨胀快造成混凝土支护厚度、强度不能达到设计要求，冻土掉入模板钢筋内影响混凝土质量和支护厚度。

（4）易造成冻结管断裂，盐水泄漏，以至于冻结壁破坏造成二次返工冻结。

（5）混凝土井壁抵挡不住冻土冻胀力而出现井壁开裂、掉皮、脱落、漏水、淹井等事故。

通过以上对黏土层物理性质的分析，采取以下技术措施：

（1）在掘进周边荒径中，开切竖向卸压槽，长度为一模段高，在井帮均匀开挖卸压槽［槽宽×槽深×槽间距取300 mm×200 mm×(500～700)mm］，当黏土膨胀时，其膨胀土流入槽内空间，起到“卸压”的效果。

（2）在掘进方式上组织足够的人力、物力、机械强行快速台阶式掘进。先挖超前小井，使井筒中心超前小井低于工作面1 m以上，然后进行刷帮，释放部分压力。

（3）掘进中组织足够的人力、机械强行挖掘，快速掘进，缩短大循环时间。

（4）支护中采用短段掘进，小段高快速掘砌，段高控制在2m以内，先掘出刃脚槽坑，提前立模筑壁（中间高出的0.5～0.8 m挖掘与筑壁平行作业），缩短冻土井帮暴露时间，减少位移量。

（5）表土冻结段外壁混凝土中掺入抗冻高效减水剂，提高混凝土早期强度。内壁套砌时加防裂密实剂，增强混凝土的早期强度、抗渗性能，提高封水效果。

（6）加强已暴露井壁位移量的观测，掌握黏土层膨胀速度。

（7）在厚黏土层或膨胀黏土层中施工时，当井帮位移过快或膨胀量大时，在混凝土井壁与井帮之间铺设50 mm厚聚苯乙烯泡沫塑料板，以缓解黏土层膨胀空间和减少低温对混凝土强度的影响。

（8）进行冻结变形压力、冻结壁变形、温度、井壁钢筋内力等内容的监测工作，用科学的方法和可靠的数据来指导施工。

（9）认真测量井帮位移量，并提前准备好井圈、背板等抢险物质，发现变形膨胀较大时，在外壁与井帮之间架设型钢井圈、背板，或加厚泡沫塑料板厚度等。如井帮位移量过大时，每米增设一道20槽钢井圈，加强外壁支护。井圈铺设在钢筋外侧井帮上，再浇混凝土以抵抗混凝土凝固初期来自井帮的压力。

（10）出现冻结段断裂时，应及时汇报。关闭盐水阀，并采取应急措施。

第四节 挖掘机和抓岩机的使用要求

一、挖掘机的使用要求

1. 使用前的要求

（1）操作人员必须经过专门的技术培训和操作培训，取得操作资格证书。了解掌握挖掘机的结构、性能，熟悉安全操作规程和保养规程。

（2）必须实行司机负责制，司机对挖掘机的安全使用和正确保养负有全面责任。

（3）司机在交接班时，详细说清本机的工作状况，如有异常，请维修人员进行排除，不能带“病”作业。

（4）司机应按维护保养规程对挖掘机定期进行保养，使机器处于良好的工作状态。

2. 起动前的准备工作

（1）首先检查冷却水、机油、液压油的质量，使用规定的冷却水、润滑油和液压油，检查仪表和开关。

（2）检查挖掘机周围地区是否有人员或障碍物，然后按喇叭。

（3）检查各操作杆是否位于中间位置，将启动开关在“开”位置，发动机控制刻度盘放在低档位置。将运动开关放起动位置，起动发动机，起动后，手离开起动开关。

3. 操作程序

（1）首先在操作行走装置前，检查履带架的方向，如果链轮位于前方，操作行走杆必须朝相反方向操作。

（2）起动后，检查仪表盘，若发现问题，立即停机。发动机低速运行时，机械会随共振而振动，可少许提高发动机速度。

（3）发动机中速无负荷运行 5 min，发动机高速时释放铲斗 5 min，无负荷操作动力臂、斗杆和铲斗，使循环的温油流入液压设备。

（4）司机离开驾驶室时，应始终将安全锁杆放到“LOCK”位置，防止操作杆被无意碰撞。

（5）工作完时，将铲斗放到地面上，将发动机控制盘转到“LOW”位置约 3 min，起动开关放在“关”位置，关闭发动机。

4. 正常作业

（1）机械运转应随时监听各部位有无异常响声，监视仪表指示是否在正常范围。

（2）严禁油缸过度伸缩，造成工作装置损坏，不能用铲斗挖掘地面来拖动挖掘机，也不能用挖掘机的自重来挖掘。

（3）在井筒内作业，小心工作装置碰撞井帮。深度挖掘时，不要使动力臂侧面或铲斗油缸管与地面相碰撞，不准将铲斗作为重锤或打桩机使用。

（4）不要用回转力来铲平地面或撞击物体，严禁抬高工作装置。

（5）挖掘机工作时，应停置在平坦的地面上，并应刹住履带行走机构。

（6）挖掘机通道上，不得堆放任何机具等障碍物，挖掘机工作范围内，禁止任何人停留。

（7）在操作中，进铲不应过深，提斗不宜过猛；铲斗满载时，不得变换动臂的倾斜度。

（8）正铲作业时，禁止任何人在悬空铲斗下面停留或工作。

（9）挖掘机停止工作时铲斗不得悬空吊着。司机的脚不得离开脚踏板。

（10）在挖掘工作过程中，应做到“四禁止”，即：

①禁止铲斗未离开工作面时，进行回转。

②禁止进行急剧的转动。

③禁止用铲斗的侧面刮平矸石堆。

④禁止用铲斗对工作面进行侧面冲击。

（11）挖掘机施工时，抓岩机只准许使用一台，另一台备用，抓头提起并用钢丝绳锁上；挖掘机施工时要避开主副钩下罐位置，井筒内不得预留座底罐，增大挖掘机施工活动空间。

5. 行走

（1）行走杆操作之前，检查履带架的方向，链轮在前，行走杆向后操作。起动时，检查附近的安全情况，起动时按喇叭。倒车时留意车后空间，注意机械后面盲区。

（2）机械尽可能在平地上行走，避免直接自旋和操纵回转。如果履带因为进泥渣、矸石不能行走，应顶起和转动履带取出泥矸。

（3）在爬上或爬下斜坡前，应确保履带方向和地面条件，尽可能直线行驶，上、下坡时，保持铲斗离地 20～30 cm，如果挖掘机打滑或不稳定，立即降低铲斗至地面。

（4）在松软或泥泞地面上，随时注意行走装置，以免机械在松软的地面上逐渐下沉。

6. 收尾工作

（1）挖掘机应停放在坚实平坦的地面上，禁止停在钩头下方或威胁安全的地方。

（2）将各操作杆放置中间位置，长时间停机时，应做好一次性维护保养工作。对发动机各润滑部位要加注润滑油。

（3）以上工作完成后，确认妥当无误后加锁，严禁非操作人员乱动。

二、抓岩机的使用要求

1. 使用前的要求

（1）抓岩机司机必须经过专门技术培训和实践操作，经理论考试和实际操作考试均合格，取得操作资格证书。熟悉施工作业规程，遵守立井施工有关规章制度。

（2）熟悉抓岩机的结构特征、技术性能和工作原理，掌握一般性的维修保养和故障处理技能。

（3）司机在交接班时，详细说清本机的工作状况，如有异常，请维修人员进行排除，不能带“病”作业。

（4）司机应按维护保养规程定期进行保养，使机器处于良好的工作状态。

2. 起动前的准备工作

（1）抓岩机下井前必须详细检查各紧固件，不许松动。检查抓斗吊链上的吊环、链条和链环上的焊缝有无开裂脱焊现象，检查抓片有无变形和脱焊现象，检查连接杆有无变形。

（2）检查钢丝绳磨损及断丝情况，发现断丝、松脱应立即更换。检查绳轮转动是否灵活，检查绳轮轴套磨损是否严重。

（3）检查回转机构中的万向接头的十字球结合处转动是否灵活，检查销轴是否折断，有无松脱现象。

（4）检查增压器动作是否灵活，检查控制油阀及配油阀动作是否灵敏，有无漏油漏气现象。

（5）检查操作阀的动作是否灵活，位置是否正确。

（6）检查供风管路上有无漏风和损坏的油管，检查管路接头是否拧紧。

（7）清除抓岩机上的浮矸和杂物。

3. 操作程序

（1）在下放抓斗前，先查看下方环境，避开有人区域。

（2）起动后，进行空机试运转。

（3）空机试运行无异常情况后，开始正常装岩作业。

（4）工作完时，将抓斗提高到距工作面较远距离，以不影响施工为准，抓斗要闭合后才可锁定停机。

4. 正常操作

（1）听取工作面把钩工的指挥，信号不清楚不操作。

（2）缓慢平稳地操作手柄，切勿过猛，抓片合拢后才能提起抓斗装载。

（3）装吊桶时，抓斗不要提得过高，控制在距吊桶500 mm左右，投放要准确，吊桶装满系数不得超过0.9。

（4）甩斗松绳要适当，不要过甩过松，以免撞坏斗体、钢丝绳跳槽或配气阀。

（5）严禁使用抓岩机拔取钎杆和牵动较大重物。

（6）抓岩机动臂在提升孔位置时，严禁吊桶通过；吊桶已运行到上层盘时，必须打点停止运行；吊桶不摘钩不准装岩。

（7）井底工作面人员必须集中精力正确判断抓斗、吊桶摆放位置，迅速躲开抓斗、吊桶。

（8）严禁抓斗乱放、乱抓、乱提，司机要集中精力认真操作，不得擅离职守，同时不准其他人员进行操作或乱动机械。

（9）在清底和抓岩过程中，如发现有残炮、拒爆，应及时停止抓岩进行处理。

（10）吊桶通过吊盘喇叭口时，应减速运行，看盘工及时通知工作面信号工、把钩工及其他人员注意，并防止吊桶碰撞抓岩机。

（11）人工清理井筒边缘浮矸时，抓岩机暂停工作，避免发生人身事故。

（12）严禁抓岩机与打眼平行工作。

（13）井底工作面抓岩工作必须由班组长指挥。

（14）井底爆破后的松散矸石如出现大块，在吊桶能够放入的情况下，先装入碎矸石，最后装大块岩石，如大块岩石不能放入吊桶，则用大锤砸开，或打浅眼放小炮专门处理后，再装入吊桶。

（15）每次起落吊盘后抓岩机保护绳要拉紧。

（16）抓斗停放在规定安全高度，并避开井中位置，挖掘机停放在喇叭口一侧，避免吊桶下至工作面时撞击机身。

（17）遇到下列情况应停机处理：

①风管破裂或漏风严重时。

②抓斗提落系统、回转工作系统、变幅工作系统和抓料卸料系统出现异响时。

③吊盘及以下照明灯损坏、突然熄灭时。

④井底工作面发现落爆、残爆和拒爆时。

⑤操作阀失灵时。

5. 收尾工作

（1）抓岩工作结束，将抓斗提到靠机身附近，不影响吊桶运行的地方，并锁在固定位置，详细检查无误后，将压风开关关闭。

（2）对本班抓岩机运行情况，出现故障和处理情况向接班司机交代清楚，并填好运行记录。

（3）所有风动机、减速机箱体、油雾器等处都用20号机油或透平油进行润滑，各液动轴承均用钙基脂润滑，各操纵阀、配气阀、气缸等装配时都应加适当的机油或黄油以助润滑。

三、挖掘机和抓岩机配合使用

（1）中心回转抓岩机主要负责挖罐窝及在井筒中心区域装罐，不得用来做其他用途。

（2）挖掘机负责净底，清除工作面松动的矸石。

（3）若挖掘机在井筒副提升一侧施工时，副提吊桶应停留在下层吊盘；在井筒主提升一侧施工时，主提吊桶应停在下层吊盘。

（4）中心回转抓岩机抓斗严禁在挖掘机操作室正上方运行，防止操作阀失控，导致抓斗过放撞坏挖掘机。

（5）挖掘机和抓岩机同时工作时，挖掘机和抓岩机抓斗严禁靠得太近，防止造成碰撞。

（6）抓岩机和挖掘机配合时应由当班班长统一指挥。

第五节 井筒掘砌机具的维护及常见故障排除

一、风镐

1. 维护保养

（1）风镐出厂时表面有防护油，使用前应擦干净表面并通气运转1 min左右。

（2）通气前，仔细检查压气管路是否有损坏，各连接部件是否安全可靠。

（3）开机前，要注润滑油，连续使用2~3 h应注油一次。

（4）连续使用风镐应定期进行保养，清除机内脏物，更换损坏零件，清除故障隐患。

（5）用过的风镐，如长时间存放，必须拆洗、除油，存放在阴凉干燥处。

2. 常见故障及排除方法

风镐的常见故障及排除方法见表9-5。

表9-5 风镐的常见故障及排除方法

故障	原 因	排 除 方 法
效率降低	工作气压降低	1. 减少耗气设备的工作台数 2. 消除管路漏气 3. 缩短胶管长度
	润滑不良	润滑油太黏、太脏或无润滑油，应按规定更换润滑油
	机内有水	空气中含水量过大，应在管路中安装油水分离器或经常防水
	主要零件失效	锤体与缸体磨损，应更换失效零件
不易运动	润滑油太黏、太多	按规定更换
	机内有水	清除水，防止机内生锈

二、伞形钻架

伞形钻架可分为钻架和凿岩机两部分，下面分别说明维护和常见故障排除方法。

（一）钻架

1. 钻架的维护保养

（1）钻架上井后，按下井前的准备工作检查机器，以保证下一次循环使用，特别是要给注油器加满润滑油，以保证凿岩机和气动马达润滑，延长使用寿命，经常打开立柱下部螺塞将积水排出。

（2）经常检查提升用吊钩有无裂纹和变形等损坏现象，查看悬吊钻架的钢丝绳有无断丝和松开现象。

（3）检查气动马达、油泵、油雾器及各类操作阀时，应用干净的棉布或塑料将油管口包扎好，防止脏物和灰尘进入管道，重新安装时应涂抹润滑油。

（4）经常检查油箱油位，油位过低时进行补油。

（5）液压传动中油的正确选择是保证液压传动正常工作的关键环节，一般要求液压油不得含有水蒸气、空气和杂质，无腐蚀、具有一定黏度和较高的化学稳定性，可选用40号低凝液压油，不同规格液压油不得混用。

（6）安装油泵时要细心，不可敲打，只能用手推或铜棒轻敲，安装固定以后用手转动联轴套，转动应灵活自如，否则容易损坏油泵。

（7）要定期在油杯上注油，以润滑各回转偶件，检查各油缸是否漏油，检查各密封件是否损坏，如有损坏及时更换。

（8）机器应有相应的检修制度，提高设备利用率。一般一季度小修一次，半年中修一次，一年大修一次。

2. 钻架的常见故障及排除方法

钻架的常见故障及排除方法见表9-6。

（二）凿岩机

1. 凿岩机的维护保养

（1）定期检修凿岩机，及时修理更换损坏零件，避免导致其他零件损坏。

（2）每班作业前，应先将注油器加满油，仔细检查所有紧固螺栓，保证连接可靠，然后给凿岩机以小风量进行空运转，检查机器运转是否正常，同时使各部件得到润滑。

表9-6　钻架的常见故障及排除方法

故　障	原　因	排 除 方 法
漏气、漏油、漏水	1. 接头松动 2. 密封装置失效 3. 软管磨损 4. 管路焊接处脱开	1. 拧紧接头 2. 调整或更换密封件 3. 更换软管 4. 拆下补焊
油缸不动	1. 溢流阀调整螺丝松动 2. 油路不通 3. 溢流阀损坏 4. 邮箱内油面过低	1. 调节溢流阀压力将螺帽固定 2. 疏通油管与接头 3. 更换溢流阀 4. 加油到油标位置
油缸工作不稳定	空气进入液压管路	排除空气
推进力小，凿岩机跳动，进尺慢	减压阀调整不够	重新调整
油雾器不出油	1. 润滑油黏度太大 2. 油雾器出油孔堵塞	1. 添换较稀的润滑油 2. 清洗油雾器
钻孔速度慢	1. 气压不足 2. 钻机部件磨损和卡紧 3. 推进力太大 4. 钎头和钎杆堵塞 5. 钎尾尺寸不合格 6. 钎头磨损	1. 找出降压原因，保持气压在0.45 MPa以上 2. 拆开检查有无磨损和卡紧，将磨损件更换，当部件有轻微卡紧时，用油石磨光，若过紧则更换 3. 调整推进控制，使之按岩石种类适当调整推进力 4. 检查有无堵塞并予以清除 5. 使用合格钎尾的钎杆 6. 重新修磨
凿岩机突然停止或运转不规则	1. 异物进入机内 2. 推进力过大 3. 压气中水太大，破坏润滑	1. 排除异物，检查进入异物原因 2. 检修调整推进油缸和减压阀压力 3. 排除压气中的水
液压油生泡沫	1. 油箱内油少，油面过低 2. 油泵轴的密封漏气 3. 吸油管中接头漏气 4. 液压油黏度过高	1. 补充液压油 2. 更换密封 3. 紧固接头或更换新接头 4. 使用推荐黏度的液压油

（3）工作完后关闭水阀，以小风量让凿岩机做一段时间的空运转，排除积水，防止生锈。

（4）凿岩机较长时间停止使用，需及时将其拆洗干净，并涂上防锈油脂，放置干燥处。

2. 凿岩机的常见故障及排除方法

凿岩机的常见故障及排除方法见表9-7。

表9－7　凿岩机的常见故障及排除方法

故　障	原　因	排除方法
机器声音不正常	紧固螺栓松动或拧紧力量不均匀	将紧固螺栓均匀拧紧，若仍不能排除，则应拆检修理
活塞运动不正常	活塞与气缸磨损	将磨损部分用油石磨光，适当调整螺杆拉紧力
钎杆不转动而风马达运转正常	1. 六角钎套或钎尾轮廓磨圆 2. 双联齿轮折断或齿轮轮齿损坏	更换损坏的零件
反水严重	1. 水针折断，水针垫损坏 2. 钎杆中心孔堵塞 3. 水压太高	1. 更换损坏水针、水针垫 2. 吹通中心孔 3. 关小井底水阀门
凿岩速度降低	钎尾长度不合格或钎尾部打塌落活塞端面凹陷太多	更换钎杆或活塞

第十章　井筒掘进与支护

第一节　井筒机械化掘进工艺流程

目前我国立井井筒基岩施工机械化水平有了很大提高，凿井技术得到发展，我国立井井筒施工出现了一个崭新的面貌，建井速度快。例如，潘一矿第二副井净径 8.6 m，基岩段月进尺 168.1 m；潘一东区副井连续 4 个月基岩段成井超过 120 m；泊江海子矿副井净径 10.5 m，最大荒径达到 14.6 m，基岩段月进尺 104 m。

我国立井井筒建设采用立井短段掘砌混合作业方式，采用以新型凿井专用提升机、大吊桶、伞钻、抓岩机、MJY 整体式金属模板为主体的机械化作业线。立井井筒基岩段施工中常见的装备有 JKZ2.8 ~ 4.0 系列提升机、JZ5 ~ 40 系列凿井稳车、4 ~ 5 m^3 吊桶、SJZ5.5 ~ 6.11 系列伞形钻架配 YGZ – 70 气动凿岩机或液压伞钻、HZ 型气动或液压抓岩机、MJY 系列整体下移式金属模板。

工艺流程：抓岩机、挖掘机配合吊桶出矸—挖掘机辅助清底—伞钻凿眼—检查工作面瓦斯浓度—装药、连线、爆破—验炮—出矸—MJY 系列整体下移式金属模板—底卸式吊桶下放混凝土砌壁。

第二节　混凝土配制技术

一、混凝土拌和料的和易性

1. 和易性的概念

和易性是指混凝土拌和料在一定施工条件下满足浇筑方便并能获得均匀密实性要求的一种综合性能，一般用坍落度评价。和易性包括以下 3 个方面的含义：

（1）流动性反应混凝土拌和物受重力或机械振捣时能够流动的性质。

（2）黏聚性反应混凝土拌和物抗离析的能力。所谓离析，是指粗骨料与水泥砂浆分离，形成拌和料中的骨料下沉的分层现象。

（3）保水性反应混凝土拌和物中的水不被析出的能力。拌和物中的水被析出，会使骨料颗粒下沉、水分浮于拌和料上部，出现泌水情况。

2. 影响和易性的因素

影响混凝土和易性的主要因素包括水泥品种、水灰比、水泥和水的用量、含砂率等。

用水量对拌和物坍落度有重要影响，是决定其流动性的基本因素。水灰比过高会降低浆液的黏聚性，产生泌水。含砂率用砂子与骨料总的质量之比表示，含砂率过小，混凝土拌和物的坍落度变小，石子容易离析；含砂率过高使拌和物变得干涩，坍落度也会变小。因此混凝土配合比应采用合理的含砂率，使拌和料在相同的水泥用量、水灰比和用水量条件下，有最大的坍落度。

二、混凝土强度

1. 混凝土强度的基本概念

混凝土强度等级是按立方体抗压强度值确定的。混凝土等级采用符号 C 与立方体抗压强度表示。如 C40 表示混凝土立方体抗压强度等于 40 MPa。井筒常用的混凝土一般为 C40、C50、C60、C70、C80 等。

2. 影响混凝土强度的主要因素

（1）混凝土成分的影响。混凝土成分的影响包括水泥石的自身强度、骨料的强度，以及水泥与骨料间的黏结力。决定水泥石自身强度及其黏结力的主要因素是水泥的强度等级及所采用的水灰比，过高的水灰比会严重降低混凝土强度。影响水泥与骨料间黏结力的因素包括水泥用量与骨料级配的配合，以及骨料的粗糙程度及其形态等。

（2）拌和物的搅拌和振捣程度。拌和物搅拌和振捣充分可以使水泥充分水化，混凝土更密实，有利于提高混凝土强度及其均匀性。混凝土的和易性要求也是为了在施工中容易通过搅拌与振捣使拌和物更密实和均匀。

（3）混凝土的养护。混凝土的养护要求是保证水泥充分水化和均匀硬化，避免干裂。在井筒混凝土工程中除冻结井筒外层井壁混凝土外，应进行洒水养护。采用硅酸盐水泥、普通硅酸盐水泥或矿渣硅酸盐水泥的混凝土养护时间不少于 7 天；掺有缓凝剂或有抗渗要求的混凝土养护时间不少于 14 天；冻结段采用滑升模板浇筑的内壁拆模 2 h 后，应洒水保湿养护。养护用水应与拌制用水的温度基本相同。

3. 提高混凝土强度的方法

（1）提高混凝土强度的基本方法是提高水泥强度等级，尽量降低水灰比。如果降低水灰比不能满足和易性，可以用减水剂。

（2）要采用较粗的砂、石，以及高强度石子，砂子的级配应良好且干净。

（3）加强搅拌和振捣成型。

（4）加强养护。在井筒工程中无法提供较高的温度，应注意洒水养护。

（5）添加增强材料，如硅粉、钢纤维等。

三、混凝土耐久性

1. 混凝土耐久性的概念

耐久性，即混凝土硬化后应具有的适应其所处环境的能力，包括抗渗性、抗冻性、抗侵蚀性等。

2. 提高耐久性的主要方法

（1）根据地质水文情况合理选择适合井下混凝土用的水泥、砂、石等原材料。

（2）依据工程实际情况，科学试验，合理选择混凝土配合比，控制最大水灰比，限制最小水泥用量，科学选用外加剂。

（3）采用符合配合比级配要求且干净的砂石骨料。

（4）提高混凝土浇灌密度，充分搅拌、振捣，加强养护。

第三节　井筒掘砌的辅助工作

一、排水

立井施工广泛采用冻结法凿井，非冻结段也使用超前探水注浆施工，基本上实现了干打井，但工作面仍有少量积水或涌水。作为一种辅助和备用措施，井筒掘进工作面仍需要布置排水设备。根据井筒涌水量大小不同，工作面积水的排出方法可采用吊桶排水、吊泵排水、卧泵排水。

吊桶排水是用风动潜水泵将水排入吊桶或排入装满矸石吊桶的空隙内，用提升设备提到地面排出。吊桶排水能力与吊桶容积和每小时提升次数有关。井筒工作面涌水量不超过 8 m^3/h 时，采用吊桶排水较为合适。

吊泵排水是利用悬吊在井筒内的吊泵将工作面积水直接排到地面或排到中间泵房内。利用吊泵排水，井筒工作面涌水量一般不超过 40 m^3/h。否则，井筒内就需要设多台吊泵同时工作，占据井筒较大空间，对井筒施工十分不利。我国生产的吊泵有 NBD 型吊泵和高扬程 80DGL 型吊泵，最大扬程可达 750 m。如果井筒深度超过水泵扬程，就需要在井筒中间位置设置中间泵房进行接力排水。吊泵排水时，还可以与风动潜水泵或隔膜泵进行接力排水，也就是用潜水泵或隔膜泵将水从工作面排到吊盘上转水箱内，然后用吊泵再将水箱内的水排到地面。

近年来，立井施工中常选用卧泵排水。卧泵排水是在井筒中悬吊排水管，卧泵布置于吊盘上层盘上，上层盘上同时布置水箱。迎头积水或涌水通过风泵或电潜泵排至水箱中，沉淀滤清后再经卧泵排出井筒。目前国内生产的卧泵最大扬程可达 1000 m 以上。卧泵在上层盘布置，较吊泵对于井筒空间的布置相对灵活。

二、通风

立井井筒施工时，必须不断地进行人工通风，以清洗和冲淡岩石中和爆破时产生的有害气体，保持工作面的空气新鲜。

立井的掘进通风由地面通风机和设于井内的风筒完成。目前，井筒施工一般采用压入式通风，井筒中的污浊空气排出缓慢，需要等待 40 ~ 60 min 通风排尘后，工作人员才能回到工作面。有时也采用抽出式通风方式，使污浊空气经风筒排出。爆破后，炮烟抽排速度快，经短暂间隔，人员即可返回工作面，但此种方式需要使用硬质风筒，材料价格高，一般不使用。

风机常用 FBD 煤矿用防爆压入式对旋轴流局部通风机。风筒直径一般为 0.5 ~ 1 m。井筒的深度和直径越大，选用的风筒直径越大。常用的风筒有铁风筒、玻璃钢风筒和胶质风筒。铁风筒和玻璃钢风筒用于抽出式通风，而压入式通风可用胶质风筒，它可以减轻悬吊质量，也便于挂设。目前普遍采用玻璃钢风筒，其质量轻、通风阻力小，适用于深井施工。风筒一般采用钢丝绳双绳悬吊，地面设置凿井绞车悬挂，也可直接固定在井壁上。

三、压风和供水

立井井筒施工中，工作面打眼、装岩和喷射混凝土作业所需要的压风和供水等动力是通过并列吊挂在井内的压风管（一般为ϕ150 mm 左右的钢管）和供水管（一般为ϕ50 mm 左右的钢管），由地面送至吊盘上方，然后经三通、高压软管、分风（水）器和高压胶质软管将风、水引入各风动机具的。井内压风管和供水管可采用钢丝绳双绳悬吊，地面设置凿井绞车悬挂，随着井筒的下掘不断下放；也可直接固定在井壁上，随着井筒的下掘而不断向下延伸。工作面的软管与分风（水）器均采用钢丝绳悬吊在吊盘上，爆破时提至安全高度。

四、通信和信号

立井井筒施工时，应保证井上、下与调度指挥之间的联系。井下掘进工作面、吊盘及腰泵房与井口房之间应建立各自独立的信号联系。同时，井口信号房又可向卸矸台、提升机房及凿井绞车房发送信号。目前，普遍使用声、光兼备的电气信号系统。例如，KJ－8－1 型井筒信号机、KLZ 系列矿用隔爆型电铃。KJTX－SX－1 型煤矿井筒通信信号装置，由 KT－X－1 型煤矿井筒提升机信号机、KT－T－1 型煤矿井筒通信机、KJ－X－1 型煤矿井筒信号机、KDD－1 型矿用电话机组成一套完整的本安型通信信号控制台，专门用于井筒施工联系和提升指挥系统。通信信号传送距离大于 1000 m，井下噪声 120 dB 时，通话清晰度达到 90% 以上，声光显示。

第十一章　井筒特殊阶段施工及质量保证措施

第一节　井筒井颈、壁座、特殊硐室的施工

一、井筒井颈施工

1. 施工方法

目前，主副井井颈通常在井身施工完毕后再施工。主副井井颈施工时，应特别注意各种梁窝、孔洞及壁座的位置，做好测量放线、模盒、预埋件埋设等工作。风井井颈施工时应注意风道口和安全出口的位置。井颈的掘进施工在首次施工临时锁口就已经完成，钢筋绑扎工作可以在吊盘上进行，壁座上的钢筋应与井壁钢筋连成一体，混凝土施工采用拉模的方式从下向上浇筑，支模前应做好各种预埋件、孔洞、开口的布置。

2. 施工步骤

（1）先将吊盘提到预留的永久井颈处，对预留混凝土表面及预留钢筋进行处理后绑扎钢筋，再将吊盘提到临时锁口梁下口，支好大模及通风口模板后即可进行浇筑混凝土工作。

（2）一段混凝土浇筑完成后，利用吊盘扎好下一段钢筋，然后提升吊盘和模板至下一段高度，在每一段高立模浇筑前应准确布置好各种预埋件、孔洞、开口位置。

（3）当吊盘提升到距离临时锁口盘不远位置时，开始拆除临时锁口盘及锁口梁，将吊盘提到合适位置，然后起模、支模，做好浇筑混凝土的准备工作。

（4）利用吊盘将最后一段钢筋绑扎完毕后将吊盘提到高处（以不影响施工为准），将大模板上部提到位并找线固定，然后开始按设计支外模板，最后按设计要求将各种孔洞、预埋件固定到位后即可开始浇筑混凝土。

3. 安全防护措施

除井筒掘砌期间的常规安全措施外，应特别注意在浇筑混凝土、扎钢筋时的防坠工作，相关施工人员必须佩戴安全带并生根牢固。

二、壁座施工

1. 施工方法

壁座施工和井筒掘砌同步进行，壁座浇筑一般要求一次性浇筑，不可留有接茬。因此若壁座高度较大，掘进每一循环后采用锚喷或锚网喷进行第一次支护，应保证锚喷净半径符合壁座设计荒径要求，每次支护的段高一般为 2 m。在一次支护的掩护下，进行掘进施工，当掘进至壁座低端时，进行绑扎钢筋和浇筑混凝土，然后进行拉模施工，向上逐段扎

钢筋和浇筑混凝土，直至施工至壁座顶部。

2. 施工步骤

(1) 首先打眼爆破出矸，打眼爆破时应注意适当放大爆破范围，为锚喷或锚网喷支护留出空间。

(2) 当出矸够一个段高2 m时，进行一次支护，应符合锚网喷质量验收要求。

(3) 一个段高支护完毕后，进行下一个段高的掘进和支护。

(4) 当逐个段高施工至壁座底时，进行扎钢筋、支模、浇筑混凝土，扎钢筋和支模施工应严格按照质量标准操作。施工中，要注意壁座中畸形钢筋的固定，应按照设计要求布置到位。

(5) 逐个段高滑模施工至壁座顶部。

三、井筒相关硐室施工

(一) 施工方法

井下硐室施工方法可分为3类，即全断面施工法、分层施工法和导硐施工法。硐室施工方法的选择，主要取决于硐室断面大小和围岩的稳定性。

1. 全断面施工法

全断面施工法是按硐室的设计掘进断面一次将硐室掘出。有时因硐室高度较高，打顶部炮眼比较困难，全断面可实行多次打眼和爆破，即先在硐室断面下部打眼爆破，暂不出矸，站在矸石堆上再打硐室断面上部的炮眼，爆破后清除部分矸石，随之进行临时支护。然后再清除全部矸石并支护两帮，从而完成一个掘进循环。

全断面施工法一般适用于围岩稳定、断面高度不是很大（小于5m）的硐室。由于全断面施工的工作空间宽敞，施工机械设备展得开，故具有施工效率高、速度快、成本低等特点。

2. 分层施工法

分层施工法是将硐室沿其高度分为几个分层，采用自上向下或自下向上的顺序进行分层施工，有利于正常的施工操作。根据施工条件，可以采用逐段分层掘进，随之进行临时支护，待各个分层全部掘完后，再由下而上一次连续整体地完成硐室的永久支护；也可以掘砌完一个分层，再掘砌下一个分层；还可以将硐室各分层前后分段同时施工，使硐室断面形成台阶式工作面。上分层超前的称为正台阶工作面，下分层超前的称为倒台阶工作面。

1) 正台阶工作面（下分层）施工法

按照硐室高度，整个断面可分为2～3个以上分层，每个分层的高度以2.0～3.0 m为宜，也可以按拱基线分为上、下两个分层。上分层的超前距离一般为2～3 m，如图11－1所示。

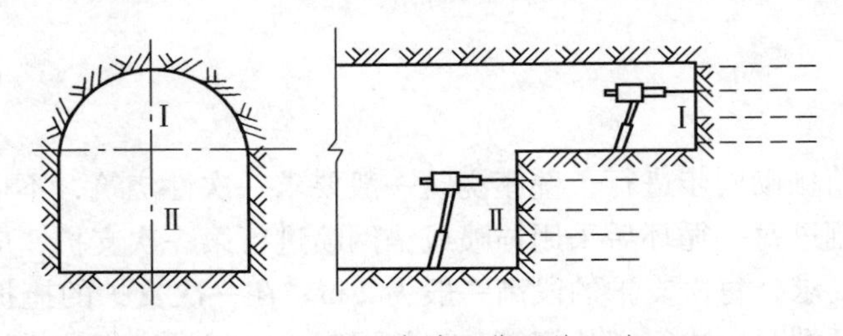

图11－1 正台阶工作面施工法

如果硐室采用砌碹支护，在上分层掘进时应先用锚喷支护进行维护，砌碹工作可落后于下分层掘进面1.5～3.0 m，下分层也随掘随砌，使墙紧跟迎头。整个拱部的后端与墙成一个整体，所以是安全的。

采用这种施工方法时应注意：要合理确定上、下分层的错距，距离太大，上分层出矸困难；距离太小，上分层钻眼困难，故上、下分层工作面的距离以便于气腿式凿岩机正常工作为宜。

这种施工方法的优点是施工方便，有利于顶板维护，下台阶爆破效率较高。缺点是上台阶要人工扒矸，劳动强度较大，上、下台阶工序配合要求严格，不然易产生相互干扰。

2）倒台阶工作面（上分层）施工法

倒台阶工作面施工法如图11－2所示，下部工作面超前于上部工作面。施工时先开挖下分层，上分层的凿岩、装药、连线工作借助于临时台架。为了减少搭设台架的麻烦，下分层的掘进矸石先不要排出，以便上分层掘进时代替临时台架进行作业。

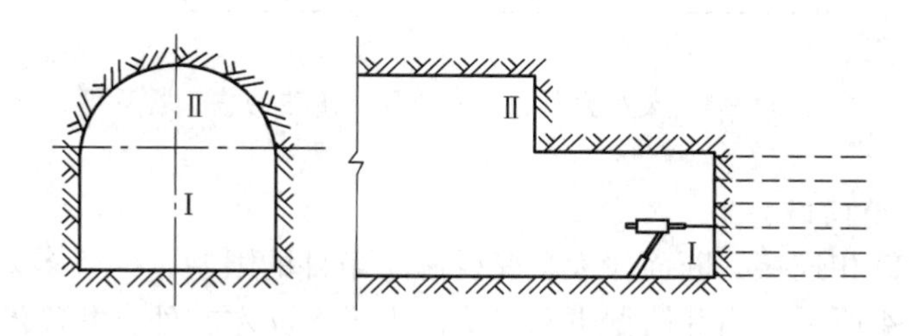

图11－2　倒台阶工作面施工法

采用锚喷支护时，支护工作可以与上分层的开挖同时进行，随后再进行墙部锚喷支护；采用混凝土支护时，下分层工作面Ⅰ超前4～6 m，高度为设计的墙高，随着下分层的掘进先砌墙，Ⅱ分层随挑顶随砌筑拱顶。这种方法的优点是：不必人力扒矸，爆破条件好，施工效率高，砌碹时拱和墙接茬质量好。缺点是：挑顶工作较困难，下分层需要架设临时支护，故不宜采用。

分层施工法一般适用于稳定或中等稳定的围岩，掘进断面面积较大的硐室。由于这种施工方法的空间宽度较大，工人作业方便。因此，与导硐施工法相比，具有效率高、速度快、成本低等优点。

3. 导硐施工法

导硐施工法用于围岩稳定性差、断面面积特大的硐室。其施工特点是：在硐室的某一部位先用小断面导硐掘进，然后再开帮、挑顶或挖底，将导硐逐步扩大至硐室的设计断面。根据导硐所在位置的不同，有中央下导硐施工法、顶部导硐施工法、两侧导硐施工法。某特大断面硐室导硐施工法的施工顺序如图11－3所示，该硐室断面为马蹄形，划分为7个较小断面，分5次施工。由于该法是先导硐后扩大，逐步分部施工，能有效地减少围岩的暴露面积和时间，使硐室的顶、帮易于维护，施工安全得以保障。但该法存在步骤多、效率低、速度慢、工期长、成本高等缺点。

（二）马头门施工

马头门施工一般可与井筒施工同时进行，有些情况下也可与井筒顺序施工。

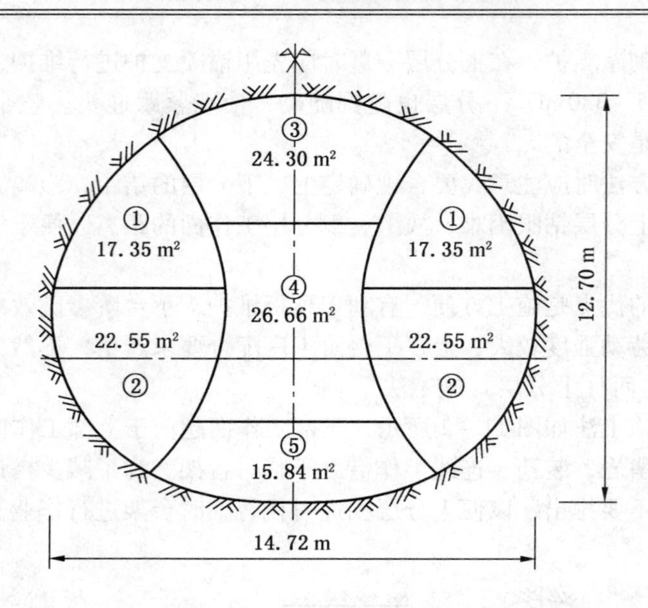

图 11-3 某特大断面硐室导硐施工法的施工顺序

1. 马头门与井筒同时施工

马头门因与井筒相连接，断面较大，又受施工条件的限制，一般多采用自上而下分层施工法，如图 11-4 所示。当井筒掘进到马头门上方 5 m 左右处，井筒停止掘进，先将上段井壁砌好。随后井筒继续下掘，同时将马头门掘出，也可以将井筒掘到底或掘至马头门下方的混凝土壁圈处，由下而上砌筑井壁至马头门的底板标高处，再逐段施工马头门。当岩层松软、破碎时，两侧马头门应分别施工；在中等以上稳定岩层中，两侧马头门可以同时施工，掘进时可采用锚喷作临时支护。为了加快马头门施工速度，可安排与井筒同时自上而下分层施工马头门，如图 11-5 所示。

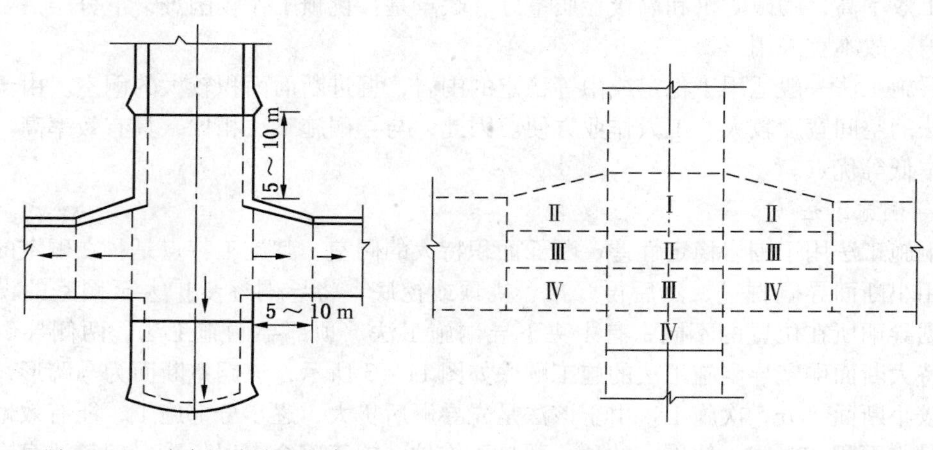

图 11-4 马头门的施工顺序　　图 11-5 马头门与井筒同时施工法

2. 马头门与井筒顺序施工

马头门与井筒顺序施工为先掘砌完整个井筒，再返上来施工马头门，即当井筒掘砌到马头门位置处时，预留马头门的硐口不砌，暂时将硐口用喷射混凝土作为临时支护封闭起来，待井筒掘砌到设计深度后，再返上来施工马头门。为了施工方便，可以在马头门底板下方位置搭设一个临时固定盘作为掘砌的工作台或直接利用凿井吊盘作为活动的掘砌工作台。

这种施工方法最突出的优点是马头门施工不占用井筒施工工期，井筒可提前到底。后期的马头门施工，可以和其他工程平行施工。当采用临时固定盘施工时，盘的安、拆费工费料，后期清除井底的存矸也需花费时间，因此，此种顺序施工方法较少采用。

（三）箕斗装载硐室施工

箕斗装载硐室断面大，结构复杂，施工中有大量的预留孔和预埋件，工程质量要求高，施工技术难度大。根据箕斗装载硐室与井筒施工的先后关系，目前，施工方法分为两类：与井筒同时施工、与井筒顺序施工。

1. 箕斗装载硐室与井筒同时施工

当井筒掘至硐室上方 5 m 左右处停止掘进，将上段井壁砌好，再继续下掘井筒至硐室位置。若围岩比较稳定，则井筒工作面与硐室工作面错开一茬炮的高度（1.5～2.0 m），同时自上而下施工。硐室分层下行的施工顺序如图 11－6a 所示。若围岩稳定性差，硐室各分层可与井筒交替施工，如图 11－6b 所示。硐室爆破落下来的矸石扒放到井筒中装提出井。井筒和硐室逐层下掘，待整个硐室全部掘完后，再进行二次支护，由下向上立模板、绑扎钢筋，先墙后拱连同井壁整体浇筑。掘进时，随掘随采用锚喷或锚喷网进行一次支护，及时封闭硐室围岩。箕斗装载硐室和该段井筒施工完成后，再继续向下开凿井筒。

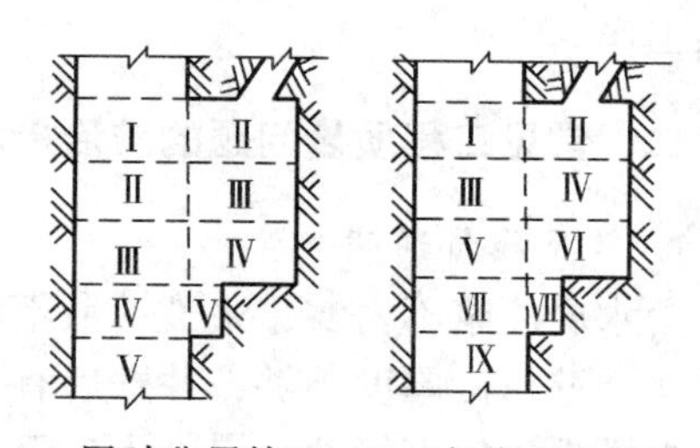

(a) 同时分层施工　(b) 交替分层施工

图 11－6　装载硐室与井筒同时施工

这种施工方法具有充分利用凿井设备进行硐室施工，效率高、进度快、安全性好和施工准备工作较少的优点；不足之处是硐室施工占用了井筒工期，拖延了井筒到底的时间。

2. 箕斗装载硐室在井筒掘砌全部结束后进行施工

施工顺序是先将井筒施工到底，然后再开始施工箕斗装载硐室。当井筒掘砌到硐室位置时，除硐口范围预留外，其他井筒部分全部砌筑。预留出的硐口部位根据围岩情况暂时用喷混凝土或锚喷进行临时支护封闭，待井筒掘砌到设计深度后，再返回上来利用凿井吊盘作掘砌工作台进行箕斗装载硐室的施工。将硐室掘出的矸石，全部放入井底。硐室完工后，最后集中将井底的存矸清除出井。硐室施工采用自上向下分层方法。

这种施工方案可以部分利用凿井设备（如提绞设备、吊盘等）。缺点是高空作业，安全性差；矸石全部落入井底，给后期清底工作增加困难，同样要延长井筒的施工期。

第二节　施工质量保证措施

一、管理措施

（1）施工单位建立形成全方位、全过程的质量管理网络，积极开展 QC 活动，强化全员意识。

(2) 坚持执行“操作人员当班自检、班组互检、施工队日检、项目部旬检、专职质检员随时检”的制度，防微杜渐，把质量事故消灭在萌芽状态。

(3) 坚持“先期预防为主，后期检查为辅”的原则，将质量目标责任到人。实行作业部位挂牌留名制度，谁操作谁负责，做到质量与工资挂钩，奖优罚劣。

(4) 施工项目部做好设计图纸会审工作，坚持技术交底制度，严格进行技术资料的管理，保证一工程一档案，一工序一交底。

(5) 加强施工工序及原材料的检测评定关，做到不合格的原材料不进场，试验不合格不使用，施工过程中，上一道工序视下一道工序为用户，下一道工序视上一道工序为产品；上一道工序为下一道工序保证质量，下一道工序监督检查上一道工序，上一道工序不合格，下一道工序不施工；工序完成后应由建设单位或监理单位签署工序验收单，并做好存档工作。

二、常见工程质量问题的防治措施

1. 常见质量通病

含水层注浆不密实，浆液扩散不均匀；井筒光面爆破效果不佳；井筒开挖中超挖欠挖严重；井壁衬砌厚度不够；井壁后有空洞；锚喷支护背后不密实；井壁有渗水现象；井筒井壁大模板砌筑有接茬；混凝土振捣不密实；混凝土表面有蜂窝麻面。

2. 防治措施

根据含水段地层的水文地质资料，判定地层赋水压力、水量和岩石特征，确定实施注浆地段及注浆参数，严格钻机钻孔深度、角度及布孔范围；注浆前根据涌水压力、水质酸碱度和围岩特征进行试配，确定浆液配比；采用跟进式注浆，浆液在钻进孔口混合；注浆完毕后，钻芯检查注浆效果。

准确确定围岩光面爆破技术参数。坚持每循环放样，准确测设开挖轮廓线，从炮眼位置、倾角、炮眼深度、装药到起爆各个环节全过程监控。准确布置炮眼位置，严格控制装药量，并根据围岩变化情况，及时修正爆破参数。

施工中经常检查掘进荒断面，及时处理超挖欠挖；浇筑混凝土时，严格控制衬砌厚度，按施工及验收规范和技术标准施工。采用地质雷达进行检测，发现空洞及时采取壁后注浆回填。

砌筑前先检查液压整体金属大模板的平整度、光洁度、弧度、刚度是否符合要求；测量下放模板至准确位置；砌筑前模板底部要用矸石回填平整、密实；模板设计应有足够强度；模板表面浇筑前要安排专人进行涂油，清除表面的杂物。

三、成品保护的保证措施

在多工种交叉平行作业的施工现场，做好成品保护工作，有利于保证质量和施工进度，并可节约费用和人工，因此应采取以下措施。

(1) 现场成立成品保护小组，制定成品保护制度，加强成品保护教育。

(2) 加强工序间的验收，上一道工序相对下一道工序都是成品，下一道工序的施工人员对上一道工序完好有保护责任。

(3) 吊盘固定装置应采用轮胎式软接触，防止破坏井壁。

（4）过含水层施工时采取注浆方法通过，实现打“干井”，加快掘进速度，保证井壁施工质量。

四、立井井筒提高井壁质量的技术措施

（1）严格进行施工原材料的质量检验，按照混凝土拌制操作规程进行操作，按设计要求使用混凝土。

（2）在施工过程中，严格混凝土配合比和外加剂掺量，及时洒水养护，按照设计、规范要求施工，保证混凝土质量。

（3）在浇筑混凝土之前必须将段高接茬处清理干净，以提高井壁合茬整体性和防水性。

（4）为了增加接茬密实程度，在接茬部位的混凝土应适当减小石子的粒径，增加水泥，以改善混凝土的和易性，容易振捣密实。

（5）为避免井筒淋水将灰浆冲洗流失，减少掘进工作面淋水，根据岩层涌水情况和砌壁工序不同，对淋水进行导水或截水处理。

第三节　施工安全技术措施

一、提升管理

（1）每天由专职安全检查员对井筒提升系统（提升绞车、凿井绞车、钢丝绳、天轮、提升钩头、吊桶及提升连接装置等）进行检查，发现问题立即处理。

（2）绞车司机必须持证上岗，班前不得饮酒，司机开车时要注意力集中，不能与他人交谈，熟悉所操作的凿井绞车的性能和技术特征，并能熟练掌握操作规程。听清信号，严格按操作规程开车。

（3）开车前要做好检查准备工作，操作手柄是否在零位，检查减速机离合器是否调到正确位置，电源是否送上，棘爪是否打开，停车后应切断电源。

（4）开车时操作人员不得离开操作位置，运行时如果有异常声音或仪表指示异常，应立即停车检查，排除故障。(两台以上联动稳车只能同时停开)

（5）必须由主司机操作绞车，副司机严密监视。操作人员要熟记凿井绞车的升、降、停止信号，及时准确地按信号要求开车。

（6）当班人员应认真填写绞车运转日志和各项安全保护试验情况，运转日志要求整洁、清楚。

（7）维护人员根据检修制度定期对设备进行例行保养，涉及安全运转的问题要及时上报，检查情况和处理结果都要做好记录。

（8）机械设备每班擦拭，机房内要求清洁、卫生、无杂物、无油污。防火用具摆放整齐，不得移作他用。

（9）使用和保管钢丝绳时，必须遵守下列规定：

①新绳到货后，应由检验单位进行验收检验，做拉力实验，合格后应妥善保管备用，防止损坏或锈蚀。

②对每根钢丝绳必须保存有包括厂家出厂合格证、验收证书等完整的原始资料。保管超过 1 年的钢丝绳，在悬挂前必须再进行 1 次检验，合格后方可使用。

③钢丝绳的钢丝有变黑、锈皮、点蚀麻坑等损伤时，不得用作升降人员。

④提升装置使用中的钢丝绳做定期检验时，安全系数不达标的，严禁使用。

二、立井防坠管理

1. 防止从井口坠人、坠物

（1）井盖门、各通过口平时要盖严封好。

（2）吊桶升至井口 60～80 m 时，信号工及时打开井盖门，防止提升时顶撞井盖门造成事故，但也不能过早开启，以防坠物。

（3）井盖门打开时，禁止从护栏外向下探望，需探望时要防止随身物品坠入井下。

（4）升降管线需打开通过口时，须将所通过口清理干净，确认无杂物后方可打开。

（5）管线升降通过盘孔口时，看管人员使用的工具必须拴绳，确保不坠落，注意防止管子通过盘孔口时造成卡子、接头等物挂脱坠入井下。

（6）井口接管时必须盖严通过口，确保不会坠物，所使用的工具材料不得随手乱扔乱放，防止坠入井下，工作结束，现场必须清理干净并盖好通过口。

（7）井口不准堆放杂物，井口房内要经常打扫，保持清洁。

2. 防止从吊盘坠人、坠物

（1）吊盘上不得摆放无用的材料、工具等。

（2）在吊盘上使用的工具，必须固定好，不能拴绳的应放好，确保不坠落，井筒正常施工时吊盘与迎头严禁同时施工。

（3）悬吊设备、管线起落时，吊盘通过口必须有人看管，防止挂、碰、损坏、坠物。

（4）在吊盘口作业人员的工具必须拴绳，作业时防止材料和工具坠入井底。

（5）吊盘上通过口的盖门、吊盘上的栏杆、扶手要齐全完好，吊盘要经常检查，发现设备连接、紧固件、栏杆、扶手、盖门有问题要及时处理。

（6）吊盘上作业的人员要精力集中，系好保险带，确保安全。

3. 防止从吊桶坠人、坠物

（1）提升钢丝绳钩头、滑架、吊桶应按规定经常检查，防止损坏坠落。

（2）乘吊桶上、下人员，不得将头伸出吊桶外，不得将所携带的工具伸出吊桶外，更不得往吊桶外投掷任何物品。

（3）乘吊桶悬空作业，必须先同信号工、把钩工联系好，系好保险带，拴好工具，稳好吊桶，确保不会坠人、坠物后才可工作。

（4）上、下吊桶时，必须等吊桶停稳并得到信号工同意方可上、下，上、下时抓好牢固物以防坠人。

（5）在吊盘喇叭口位置从吊桶装卸物料时必须拿好拴牢，防止坠人、坠物。

（6）利用吊桶和钩头下料、下设备时，捆绑必须牢固，确保无坠落危险。

（7）在吊桶内利用打击物作信号时，必须在吊筒内侧敲击以防坠物。

4. 防止井壁坠物

（1）应按施工措施规定控制井筒荒壁高度，不应超过措施的规定。

（2）及时处理浮石危岩，防止片帮落石伤人。

（3）对喷浆井壁，每次接班后，班长、值班队长应下慢罐观察井壁，发现问题及时处理。

（4）不得在井壁上悬吊东西，必须悬挂时要经有关人员批准，在作业点附近临时悬吊的，用后要及时取下，以免过后坠落伤人，需在井壁上悬吊的，必须固定牢靠。

5. 防止从抓岩机上坠人、坠物

（1）抓岩机上工作人员使用的工具必须拴绳，材料物品必须固定牢固。

（2）抓岩机上的部件应经常检修，损坏部分要及时更换，紧固件要经常检查，发现松脱的要及时处理。

（3）严格按操作规程操作，工作时留心观察各部件，仔细监听各部件发出的声音，发现异常及时处理，防止部件受损坠落。

6. 防止从翻矸台、天轮平台坠人、坠物

（1）翻矸台工作时要系安全带，工具要绑绳，栏杆要牢固可靠，发现问题及时处理。

（2）翻矸台上存放的电缆等材料要排放整齐，用尼龙绳固定，以防松动坠落。

（3）翻矸台、天轮平台上的机械设备要安装牢固，必要时要加保险绳并经常检查，发现松脱损坏须及时处理。

（4）在天轮平台上工作的人员要系安全带，使用的工具要拴牢，使用的材料要放好，工作完后要将现场清理干净。

（5）翻矸台、天轮平台上不得存放不使用的物品，要经常打扫保持清洁。

（6）翻矸台、天轮平台进行大检修时需要有安全技术措施。

（7）在天轮平台至井口段进行检查、检修、拆卸、安装等任何工作，任何情况下都不得抛、接物品或从事与固定点无任何联系的作业方式。

三、吊盘运转及检修安全措施

（1）吊盘及喇叭口必须保持完整，不准变形，各部件连接螺栓必须紧固，不得锈蚀，盘面要保持清洁，不得有杂物，防止起落吊盘时有杂物坠入井底。

（2）稳绳应固定在喇叭口外侧，滑架应平稳地落在稳绳的卡具上。

（3）吊盘的各层通过口，包括管口、风筒口、电缆口的周围，应用聚氯乙烯编织袋加装透水填充物堵严。

（4）起落吊盘时，6 根稳绳的稳车必须同步运行。

（5）每次升降吊盘后，应将吊盘操平找正，保持各通过口能顺利通过，并用稳盘装置将盘稳定；经常清除吊盘上的各种杂物，保持盘面整洁。

（6）吊盘安放的设备，必须与钢梁固定牢固。

四、爆破作业安全措施

（1）必须严格遵守爆炸材料领退制度、电雷管编号制度和爆炸材料丢失处理办法。

（2）运送爆炸材料时，应遵守下列规定：

①必须事先通知绞车司机和井上、下把钩工。

②在装有爆炸材料的罐笼或吊桶内，除爆破工或护送人员外，不得有其他人员。电雷

管和炸药必须分开运送。

③运送爆炸材料时，吊桶的升降速度不得超过 1 m/s。司机在起动和停绞车时，应保证吊桶不震动。

④交接班及人员上、下井的时间内，严禁运送爆炸材料。

⑤禁止将爆炸材料存放在井口加工房内。

（3）装配起爆药卷时，必须遵守下列规定：

①严禁在电气设备和导电体的附近进行。

②装配起爆药卷必须防止电雷管受震动、冲击，防止折断脚线和损坏脚线绝缘层。

③电雷管必须由药卷顶部装入，严禁用电雷管代替竹、木棍扎眼。

④电雷管插入药卷后，必须用脚线将药卷缠住，并将电雷管脚线扭结成短路。

⑤工作面施工时，严禁边打眼边装药。

⑥装药前，首先必须清除炮眼内的煤粉或岩粉，再用木质或竹质炮棍将药卷轻轻推入，不得冲撞或捣实，炮眼内的各药卷必须彼此密接。

⑦炮眼深度和炮眼的封泥长度应符合要求。

⑧发爆器的把手、钥匙或电力起爆接线盒的钥匙，必须由爆破工随身携带，严禁转交他人，不到爆破通电时间，不得将把手或钥匙插入发爆器或电力起爆接线盒内。爆破后，必须立即将把手或钥匙拔出，摘掉母线并扭结成短路。

（4）爆破时必须在地面进行起爆，并做到如下要求：

①采用安全性能好的防水水胶炸药和高精度毫秒延期电雷管，合理选取爆破参数。

②必须执行“一炮三检”制、“三人连锁爆破”制。

③爆破人员完成装药和连线工作后，设备、工具提升到安全高度（距工作面不小于 25 m），井筒、井口房内的人员全部撤出，打开井盖门，方可爆破。

④在爆破母线与电力起爆接线盒接通之前，井筒内所有电气设备必须断电。

⑤装药连线前，必须将爆破电缆与抓岩机脱开，以防发生漏电事故。

⑥爆破通风后，必须仔细检查井筒，清除崩落在井圈上、模板上、吊盘上或其他设备上的矸石。

⑦爆破后乘吊桶检查井底工作面时，吊桶不得礅撞工作面。

五、机电管理

（1）加强机电管理，各工种必须持证上岗，按章操作。

（2）迎头各种机电设备必须挂责任牌，落实到人，按维修制度定期检查维修、杜绝失爆，保护齐全，电缆吊挂整齐，开关上架并保持清洁。

（3）严禁非机电人员在井下拆卸机电设备。

（4）因检修等原因停电时，必须挂停电牌，将开关打至停位。严禁带电作业。

六、一通三防安全管理措施

为提高一通三防管理水平，防止建井期间发生瓦斯事故，实现煤矿建设的安全生产，制定如下安全管理措施。

1. 组织机构及管理制度

（1）设立通风瓦斯管理组织机构与设备防爆管理组织机构。

（2）配备相关通风、瓦斯专业技术人员且应进行培训，做到持证上岗。

（3）建立通风瓦斯报表（包括月报、日报），并按规定及时上报。

（4）建立健全通风瓦斯管理制度，主要包括：一通三防重大隐患排查制度、通风例会制度、通风瓦检人员井下交接班制度、通风设施管理制度、通风报表管理制度、局部通风管理制度、盲巷管理制度、巷道贯通管理制度、瓦斯检查制度、瓦斯排放管理制度、井下爆破管理制度、“一炮三检”及“三人连锁爆破”制度、瓦斯管理制度、瓦斯检测监控管理制度、仪器仪表维修校验制度等。

（5）根据工程施工进度、瓦斯涌出量、地温和工作面部署等情况及时调整通风系统。

2. 建立矿井瓦斯监测、监控系统

（1）开工前安装瓦斯监测、监控系统，由厂家负责监测装置的安装、调试、维修和培训。

（2）项目部通风队按《煤矿安全规程》规定配备管理人员、工程技术人员、安装调试及维护专业人员，所有从事瓦斯监测的人员都必须经过有关部门安全监测和通风技术专业培训，取得资质证书后持证上岗。

（3）瓦斯监测装置必须根据《矿井通风安全监测装置使用管理规定》《煤矿安全规程》进行安装、调试和维护。

（4）厂家按标准安装完毕后，项目部负责故障处理及维护、使用、管理工作。

（5）因故检修与监测装置相关的电气设备，需停止装置运行时，必须制定安全技术措施，经项目经理批准后，在监测人员的配合下进行检修工作。

（6）需要移动传感器、信号线等装置时，必须经项目部批准，并在瓦检员的监护下，由机电人员按规定进行移动。

（7）爆破时必须对瓦斯探头、信号线等进行可靠的保护措施或撤回，防止因爆破而损坏，待爆破后立即将瓦斯探头放回原处。

（8）严禁擅自停用监测监控装置，停用监测装置必须经相关领导批准，否则追究停用者或单位领导的责任。

（9）瓦斯台账、记录要求齐全，报表要及时准确。

（10）所有设备待修率不得超过规定。修理后传感器精度、设备性能要符合出厂说明书标准要求，设备维修后必须稳定可靠。

（11）各种电缆、信号线吊挂要整齐，机电设备完好、无失爆。

（12）各种探头安装位置要正确、规范，并及时移动，严格执行《煤矿安全规程》要求。传感器数据要准确，误差不大于规定。

（13）安全监控设备必须定期进行调试、校正，每月至少1次。甲烷传感器、便携式甲烷检测报警仪等采用载体催化元件的甲烷检测设备，每7天必须使用校准气样和空气样调校1次。每7天必须对甲烷超限断电功能进行测试。调试完毕后，必须认真填写调试记录。

（14）井下装置发生故障时，可先用便携式甲烷检测报警仪就地代替传感器进行检查，但装置必须在24 h内修好并投入使用，否则必须停产修复或更换。

（15）必须每天检查监控设备及电缆是否正常，使用便携式甲烷检测报警仪或便携式光学甲烷检测仪与甲烷传感器进行对照，并将记录和检查结果报监测值班员；如装置监测与人工监测出现误差时，在误差允许范围内，应以测值大的瓦斯浓度为准。超过允许误差时，先以测值大的为准，采取安全措施并必须在 8 h 内对 2 种设备调校完毕。

3. 瓦斯管理规定

（1）项目部要建立瓦斯巡回检查制度和交接班制度，具体规定巡回检查时间、次数和交接班地点。主管通风的队、班长和技术员要不定期地组织检查制度的落实执行情况。

（2）建立健全项目部瓦斯普查制度，每周由技术部组织通风队队长、技术员、测风员、班组长等对全矿井进行一次全面的通风瓦斯检查，并做好普查记录，对查出的瓦斯隐患问题要指定专人限期解决。

（3）瓦斯检查要严格执行瓦斯检查员操作规程、瓦斯巡回检查制度和交接班制度，严禁空班、漏检、假检、误检。

（4）制定探放瓦斯安全技术措施。

（5）局部通风机计划停风、停电时，要提前制定安全措施，并经项目部领导批准后，由通风队安排专职瓦检员现场检查。否则按无计划停风、停电事故追究有关人员的责任。

（6）临时停电、停风，局部通风机停止运转，在恢复通风前必须由瓦检员检查瓦斯，证实停风区中瓦斯或二氧化碳浓度都不超过 1%，且局部通风机及开关附近 10 m 内风流中瓦斯浓度都不超过 0.5% 时方可由瓦检员和值班电工一同开动局部通风机，恢复通风。

（7）掘进工作面瓦斯变化异常时，必须停止作业，撤出人员，制定专门措施，报批准后方可继续作业。

（8）掘进工作面回风流中瓦斯浓度超过 1.0% 或二氧化碳浓度超过 1.5% 时，必须停止工作，撤出人员，采取措施，进行处理。

（9）掘进工作面风流中瓦斯浓度达到 1.0% 时，严禁爆破。

（10）掘进工作面风流中、电动机或其开关安设地点附近 20 m 以内风流中的瓦斯浓度达到 1.5% 时，必须停止工作，切断电源，撤出人员，进行处理。

（11）对因瓦斯浓度超过《煤矿安全规程》规定被切断电源的电气设备，必须在瓦斯浓度降到 1.0% 以下时，方可通电开动。

（12）要严格遵守《煤矿安全规程》，严禁瓦斯超限作业。瓦斯超限就是事故，由项目部按事故组织分析追查责任，并严肃处理。

（13）项目部要定期对“一通三防”人员进行培训，对责任心不强，技术业务考试不合格的人员进行调换。

（14）项目部管理人员、技术人员、班队长、流动电钳工、机组司机、电机车司机、瓦检员、爆破员、监测电工等必须按相关要求携带使用便携式瓦检仪。

（15）安监站负责对各项瓦斯管理制度措施的执行情况进行监督检查，按安全奖惩条例对瓦斯管理中的“三违”人员进行处罚。

4. 一通三防管理规定

（1）掘进工作面开口前必须安装双风机及双电源自动切换装置，使用“三专两闭锁”并保证灵敏可靠，否则不得开口掘进。

（2）局部通风机安装位置必须符合规定，双风机因故停运必须能切断井筒内所有电气设备电源（信号与提升绞车电源不切断待人员安全升井后切断），达不到此规定的不准施工。

（3）双风机双电源自动换向装置每周由通风队和瓦检员负责试验每班 3 次，试验结果向调度室汇报，发现问题应立即停工处理。

（4）局部通风机由工作面值班电工负责管理，风筒回收、安装由掘进队负责，日常吊挂、修补风筒由该工作面通风工负责管理。开风机前必须由瓦检员在现场检查瓦斯，确保符合要求，由值班电工启动风机，其他人员不得擅自停开通风机。同时杜绝无计划停风、停电现象，如需停电必须认真办理审批手续按计划进行。

（5）高瓦斯矿井、低瓦斯矿井高瓦斯区及异常区的煤和半煤岩掘进头风筒距迎头不大于 5 m，岩巷不大于 8 m；低瓦斯矿井煤和半煤岩风筒距迎头不大于 8 m，岩巷不大于 10 m，并保证工作面有足够的风量。风量不足时必须立即撤出人员、切断电源，查找原因进行处理。

（6）因检修、停电等原因停风时，由掘进工作面班组长负责先撤出人员后切断井筒内所有电气设备电源，保证供电各开关均打到零位，瓦检员、爆破工负责监督检查。

（7）掘进工作面每班瓦斯检查次数不少于 2 次，瓦斯涌出量大和瓦斯异常的揭煤工作面必须配备专职瓦检员严格按规定检查和处理瓦斯。

（8）杜绝瓦斯超限作业现象，当工作面瓦斯超限或异常预兆时必须坚持“先撤人、切电后汇报”的原则，工作面班组长负责切断井筒内所有电气设备电源（信号与提升绞车电源不切断待人员安全升井后切断），开关打到零位，瓦检员监督进行。确认无误后瓦检员及时汇报、采取措施进行处理。

（9）掘进工作面电气设备保证完好，每班必须检查一次，机电防爆组每周检查两次，发现失爆先停止掘进，处理好后方可生产。同时严格分析原因，追究有关人员的责任。

（10）掘进工作面爆破均严格执行“三人连锁爆破”制和爆破停电制度，使用好炮泥和水炮泥，炮泥由掘进队负责，水炮泥由爆破员负责，严禁违章爆破。

七、大断面井筒采用拼块模板套壁施工安全技术措施

（1）严格控制混凝土的水灰比和坍落度，不符合设计的坚决不用。

（2）严格控制内壁套砌速度，密切关注混凝土的凝固情况，坚持上节混凝土凝固强度达不到 0.05 ~ 0.25 MPa（理论数据不易掌握，根据施工实践，手按有硬的感觉，并能留下 1 mm 左右深的指印，能用抹子抹平），绝不进行下节混凝土的浇筑工作。

（3）混凝土应均匀对称浇筑，每浇筑 300 mm 振捣一次，保证分层浇筑分层凝固、先期浇筑先期凝固。

（4）每隔一块模板，采用木撑棍与井帮间进行加固，以确保结构稳定性。

（5）每班必须明确专人检查模板间螺丝拧紧情况，上节混凝土初凝情况、模板加固情况，全部符合要求后方可进行下节混凝土的浇筑工作。

（6）模板间的连接，螺丝必须采用国营正规大厂的高强螺丝，螺丝两端加平垫圈。

（7）拆模盘周围上方设防护棚，以防止上方坠物伤人。

（8）立模时模板缝上、下错开，接头板每次以 90°错开。

（9）混凝土浇筑及振捣的过程中，应设专人观察下部模板是否变形，特别是第三、第四、第五节模板。

(10) 辅助盘工作人员必须配带保险带，保险带生根点必须独立于辅助盘，而生根于永久吊盘。

(11) 计划任务要安排合理，以每天不超过12模为宜。

(12) 大块组合钢模强度要严格计算，安全系数要符合相关规程要求。

(13) 模板加工要确保精度，模板组合连接孔要用钻头钻孔，严禁用乙炔气割孔。

(14) 模板除正常连接外，待组合后在适当位置增设保险销，防止发生事故。

(15) 模板使用前，要有设计人员组装检查验收，确认符合设计后方可使用。组装检查验收要形成书面记录存档备案。

(16) 每模混凝土浇筑前，都要设专人检查钢模组装螺栓是否上齐紧固，保险销是否插好，待确认完好后下发混凝土浇筑通知书，浇筑混凝土通知书要存档备查。

(17) 混凝土浇筑时，要定期用棍棒检查混凝土初凝时间是否符合设计要求，严格按实际初凝时间控制浇筑速度。

(18) 每模混凝土都要取样制模块检查混凝土终凝时间是否符合设计要求，严格按实际终凝时间进行脱模。

第四节 井筒掘进施工管理

一、施工组织管理机构

采用项目法管理，配备强有力的管理班子，组建立井施工项目经理部，选派一名有丰富经验且具有与工程规模相匹配建造师资格的同志任该工程的项目经理，并选派井筒工程施工经验丰富的综合施工队承担立井井筒施工。

项目经理部由项目经理、副经理组成领导层，项目部下属安全环境部、技术部、经营部、治安后勤部，以及掘进、辅助两个施工队伍，聘请国内专家为井巷掘砌施工提供技术咨询与指导。

二、劳动力安排及组织计划

为保证创优目标和进度计划的实现，施工过程中选用类似工程施工经验丰富的各专业队伍进行施工，大型临时工程施工期间配置土建、安装专业队施工。

1. *劳动力管理机构*

项目部成立以项目经理为组长，以项目副经理及各队长为副组长、项目部及各相关部门负责人为组员的劳动管理组织机构，本着满足施工需要、均衡生产、动态管理、组织专业化施工队伍的原则，进行本工程劳动力的管理。

2. *劳动力技能培训*

为了保证新工艺的正确施工和新设备的正常使用，工程施工前，对劳动力分专业、分工种进行技能培训、考核，不合格者不能上岗。用培训来提高劳动者的劳动技能和安全质量意识，满足专业施工对劳动技能的要求，提高工作效率，提高工作质量。

培训内容包含工程概况、工期要求、质量标准、安全标准、劳动定额、操作规程、劳动保护等。

3. 特殊季节劳动力保障措施

制定农忙季节及节假日劳动力保障措施，配备相应的服务设施，保障特殊季节及节假日劳动力稳定且满足需要。

三、施工管理

对于立井凿井机械化的应用，相适应的施工管理就显得特别重要。项目法管理要控制工期、质量、成本（造价）、安全，并建立相应的控制体系，各控制体系要始终贯穿于施工的各阶段、各环节、各工序，实行决策民主化、管理科学化、施工机械化、分配公开化。为控制目标实现，项目部应建立以下几大生产保证体系：

（1）以技术部为核心的技术质量管理系统。

（2）以安检站为核心的安全管理系统。

（3）以经营管理部为核心的经济核算成本控制系统。

（4）以综合队为核心的生产管理系统。

（5）以机电队为核心的设备检修、维护的辅助生产系统。

（6）以物资供应部为核心的材料计划、采购、验收、库存、发放系统。

（7）以后勤生活部门为核心的职工生活、治安系统。为精简机构，减少人员，经营管理部可承担物资供应、后勤生活两系统的业务。

四、合理组织和降低造价施工

（1）井筒通过含水层之前必须采取“有疑必探、有水必注、先注后掘”的施工方式，实现打干井，以缩短建井工期，减少工程投资。

（2）过断层破碎段，加强该段永久井壁支护，防止井壁后期受力挤压、破坏。

（3）实行成本预测控制，将成本目标分解落实到项目各部门、班组和个人，强化考核、奖惩措施，使工程成本始终处于受控状态。

（4）采取切实可行的措施，保证在工期内按期完成施工任务，力争合理提前，节省人工、机械等直接费成本。

（5）严格控制成本，降低人工、材料、机械费用。

图书在版编目（CIP）数据

井筒掘砌工：初级、中级、高级/煤炭工业职业技能鉴定指导中心组织编写. --北京：煤炭工业出版社，2018
煤炭行业特有工种职业技能鉴定培训教材
ISBN 978-7-5020-6399-3

Ⅰ.①井…　Ⅱ.①煤…　Ⅲ.①井筒—井巷掘进—职业技能—鉴定—教材　Ⅳ.①TD263.2

中国版本图书馆 CIP 数据核字（2017）第 328987 号

井筒掘砌工　初级、中级、高级
（煤炭行业特有工种职业技能鉴定培训教材）

组织编写　煤炭工业职业技能鉴定指导中心
责任编辑　徐　武　杨晓艳
责任校对　孔青青
封面设计　王　滨

出版发行　煤炭工业出版社（北京市朝阳区芍药居 35 号　100029）
电　　话　010-84657898（总编室）
　　　　　　010-64018321（发行部）　010-84657880（读者服务部）
电子信箱　cciph612@126.com
网　　址　www.cciph.com.cn
印　　刷　北京玥实印刷有限公司
经　　销　全国新华书店

开　　本　787mm×1092mm 1/16　**印张**　11 1/4　**字数**　264 千字
版　　次　2018 年 4 月第 1 版　2018 年 4 月第 1 次印刷
社内编号　9279　　　　**定价**　26.00 元
